正負の数

JN050690

1 下の数直線で，A，B，C，Dに対応する数を答え〔る〕。　(8点×4)

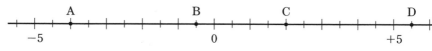

2 次の条件にあてはまる数を，すべて答えなさい。　(8点×3)

(1)　−3.8より大きく，−0.8より小さい整数

(2)　絶対値が $\dfrac{2}{3}$ になる数

(3)　絶対値が1.8より大きく，3.1より小さい整数

3 次の各組の数の大小を，不等号を使って表しなさい。　(8点×4)

(1)　+1，−2　　　　　　　　　　(2)　−10，−7

(3)　+0.5，−2.5，−1.5　　　　(4)　$-\dfrac{2}{5}$，$-\dfrac{1}{5}$，$-\dfrac{3}{5}$

4 次の数を，小さいほうから順に並べて書きなさい。　(12点)

0，+0.5，−0.1，+1，$-\dfrac{3}{2}$，$+\dfrac{1}{5}$，−0.01

得点UP

1 原点(0の点)を基準に，左側は負の数，右側は正の数である。

3 (負の数)< 0 <(正の数)　また，負の数は絶対値が大きいほど小さい。

1 正負の数(1)

加法

① 次の計算をしなさい。　　　　　　　　　　　　　　　　　　　　　　　　（6点×6）

(1) $(+9)+(+6)$

(2) $(-5)+(-7)$

(3) $(-12)+(-6)$

(4) $(+13)+(+17)$

(5) $(-26)+(-8)$

(6) $(-19)+(-23)$

② 次の計算をしなさい。　　　　　　　　　　　　　　　　　　　　　　　　（6点×8）

(1) $(+11)+(-4)$

(2) $(-15)+(+7)$

(3) $(+5)+(-14)$

(4) $(-13)+(+20)$

(5) $(+18)+(-31)$

(6) $(-16)+(+32)$

(7) $(-12)+(+12)$

(8) $0+(-10)$

③ 次の計算をしなさい。　　　　　　　　　　　　　　　　　　　　　　　　（8点×2）

(1) $(+8)+(-9)+(+6)$

(2) $(+16)+(-3)+(+2)+(-19)$

得点UP

② 異符号の2数の和は，絶対値の差に，**絶対値の大きいほうの符号**をつける。

③ 正の数の和，負の数の和をそれぞれ求めてから，それらを加える。

1 正負の数(1)

減法

1 次の計算をしなさい。　　　　　　　　　　　　　　　　　　　　　　　（6点×10）

(1)　$(+12)-(+4)$

(2)　$(-7)-(-14)$

(3)　$(+6)-(+11)$

(4)　$(-13)-(-6)$

(5)　$(+16)-(+21)$

(6)　$(-30)-(-8)$

(7)　$(+41)-(+12)$

(8)　$(-14)-(-32)$

(9)　$(+25)-(+25)$

(10)　$0-(+19)$

2 次の計算をしなさい。　　　　　　　　　　　　　　　　　　　　　　　（5点×8）

(1)　$(+8)-(-7)$

(2)　$(-5)-(+9)$

(3)　$(+9)-(-9)$

(4)　$(+14)-(-6)$

(5)　$(-6)-(+18)$

(6)　$(+13)-(-15)$

(7)　$(-12)-(+38)$

(8)　$(-24)-(+18)$

得点UP

❶ ひく数の符号を変えて，加法になおしてから計算する。

小数・分数の加減

1 次の計算をしなさい。 (5点×6)

(1) $(+1.6)+(+0.9)$

(2) $(-4.1)+(-2.7)$

(3) $(+6.7)+(-9)$

(4) $\left(-\dfrac{4}{7}\right)+\left(+\dfrac{2}{7}\right)$

(5) $\left(+\dfrac{1}{4}\right)+\left(-\dfrac{3}{8}\right)$

(6) $\left(-\dfrac{4}{15}\right)+\left(+\dfrac{5}{12}\right)$

2 次の計算をしなさい。 (7点×10)

(1) $(+1.2)-(+0.8)$

(2) $(-1.3)-(+0.7)$

(3) $(+2.7)-(-0.2)$

(4) $(+3.7)-(+4.2)$

(5) $(-4.2)-(-2.8)$

(6) $\left(+\dfrac{8}{9}\right)-\left(+\dfrac{5}{9}\right)$

(7) $\left(+\dfrac{2}{9}\right)-\left(-\dfrac{5}{18}\right)$

(8) $\left(+\dfrac{3}{10}\right)-\left(+\dfrac{4}{5}\right)$

(9) $\left(-\dfrac{5}{6}\right)-\left(+\dfrac{1}{2}\right)$

(10) $\left(-\dfrac{8}{15}\right)-\left(-\dfrac{7}{10}\right)$

得点UP

❶ 小数や分数の正負の数の計算も，整数のときと同じように計算する。

1　正負の数(1)

加減の混じった計算(1)

月　　日

点

合格点：**80**点／100点

---

1 次の式を，加法だけの式になおして計算しなさい。　　(6点×4)

(1)　$(+10)-(+8)-(-7)$

(2)　$(-6)-(-9)+(-8)$

(3)　$(+7)+(-5)-(-9)-(+3)$

(4)　$(-9)-(-7)-(+12)+(+5)$

2 次の式を，かっこのない式になおしなさい。　　(6点×2)

(1)　$(+2)-(+3)+(+5)$

(2)　$(-7)+(-6)-(-4)$

3 次の計算をしなさい。　　(8点×8)

(1)　$-7+10+2$

(2)　$9-4-8$

(3)　$6-15+2$

(4)　$-8+16-4$

(5)　$9-12-14+19$

(6)　$12-6+3-17$

(7)　$-20+9+5-15$

(8)　$17-3+4-10-5$

得点UP

❶ ひく数の符号を変えて加法だけの式になおし，正の数の和，負の数の和をそれぞれ求めて計算する。

❸ 正の項どうし，負の項どうしをそれぞれまとめて計算する。

加減の混じった計算(2)

1 次の計算をしなさい。 (7点×12)

(1)　$8+(-5)+4$

(2)　$4-8-(+9)$

(3)　$13+(-7)-(-8)$

(4)　$-12-(-14)+(-8)$

(5)　$3-(-7)-6+9$

(6)　$5-6-(+11)+7$

(7)　$-16-(-9)+(-10)+0$

(8)　$15-(+8)-5-(-6)$

(9)　$-10+7+(-9)-(+4)$

(10)　$9-(+16)-14-(-9)$

(11)　$-12-(-10)+(-6)+14$

(12)　$26-(+29)-35-(-29)$

2 次の計算をしなさい。 (8点×2)

(1)　$9+(8-15)+10$

(2)　$-11-\{-9+(-7)\}-13$

得点UP

① かっこのない式になおしてから計算する。 $-(+□)=-□$, $-(-□)=+□$

② まず，（　）や{　}の中を先に計算する。

1 正負の数(1)

小数・分数の加減の混じった計算

1 次の計算をしなさい。 *(7点×4)*

(1)　$0.7-0.9+0.7$

(2)　$-0.4+1.7-1.8$

(3)　$\dfrac{4}{9}-\dfrac{5}{9}+\dfrac{8}{9}$

(4)　$\dfrac{2}{3}-\dfrac{3}{4}-\dfrac{1}{2}$

2 次の計算をしなさい。 *(9点×8)*

(1)　$0.5+(-0.9)-0.4$

(2)　$-1.2+2-(-0.9)$

(3)　$1.6-(+1.8)+(-1.2)$

(4)　$0.9+(-1.8)-(-2.9)$

(5)　$\dfrac{4}{11}-\left(+\dfrac{6}{11}\right)+\dfrac{10}{11}$

(6)　$-2+\dfrac{1}{2}-\left(-\dfrac{5}{6}\right)$

(7)　$\dfrac{3}{5}-\left(-\dfrac{1}{6}\right)-\left(+\dfrac{3}{10}\right)$

(8)　$-\dfrac{5}{8}+\left(-\dfrac{2}{3}\right)-\left(-\dfrac{1}{6}\right)$

得点UP

❶ 整数と同じように，**正の項どうし，負の項どうし**をそれぞれまとめて計算する。
❷ 整数と同じように，まず**かっこのない式**になおしてから計算する。

月　日

まとめテスト①

点

合格点：**80**点／100点

1 次の数の中から，下の(1)～(4)にあてはまる数を答えなさい。　(7点×4)

$$0, \quad +0.5, \quad -1, \quad +0.1, \quad -\frac{1}{2}, \quad +1, \quad -1.5$$

(1) 最も大きい数

(2) 最も小さい数

(3) 負の数の中で最も大きい数

(4) 絶対値が最も大きい数

2 次の計算をしなさい。　(6点×12)

(1) $7+(-12)$

(2) $-8+(-6)$

(3) $14-(+6)$

(4) $-15-(-15)$

(5) $-19+23$

(6) $12-19$

(7) $-2.4-(-3)$

(8) $\dfrac{1}{4}+\left(-\dfrac{7}{12}\right)$

(9) $8-9-4$

(10) $-10+8-4+15$

(11) $0-(-8)+(-9)+16$

(12) $9+(-18)-(-9)-8$

乗法(1)

月　　日

点

1 次の計算をしなさい。

(6点×10)

(1) $(+9)\times(+6)$

(2) $(-7)\times(-8)$

(3) $(+6)\times(-4)$

(4) $(-8)\times(+4)$

(5) $(+12)\times(+3)$

(6) $(+24)\times(-2)$

(7) $(-27)\times(-3)$

(8) $(+13)\times(-6)$

(9) $(-18)\times(+5)$

(10) $(-29)\times(-4)$

2 次の計算をしなさい。

(5点×8)

(1) $3\times(-7)$

(2) $(-4)\times6$

(3) $7\times(-4)$

(4) $(-6)\times10$

(5) $(-42)\times2$

(6) $4\times(-30)$

(7) $0\times(-1)$

(8) $(-24)\times0$

得点UP

❶ 同符号の2数の積 ➡ 絶対値の積に**正の符号＋**をつける。
異符号の2数の積 ➡ 絶対値の積に**負の符号−**をつける。

乗法(2)

1 次の計算をしなさい。 (7点×4)

(1)　$(-1.9) \times 2$

(2)　$(-3.2) \times (-0.5)$

(3)　$\dfrac{3}{5} \times (-15)$

(4)　$\left(-\dfrac{5}{12}\right) \times \left(-\dfrac{4}{5}\right)$

2 次の計算をしなさい。 (7点×8)

(1)　$8 \times (-2) \times 3$

(2)　$5 \times (-4) \times (-6)$

(3)　$(-2) \times (-8) \times (-4)$

(4)　$(-7) \times 2 \times (-5)$

(5)　$3 \times 3 \times (-2) \times 7$

(6)　$(-4) \times (-5) \times 8 \times (-3)$

(7)　$12 \times (-5) \times 2 \times 3$

(8)　$4 \times (-8) \times (-25) \times (-2)$

3 次の計算をしなさい。 (8点×2)

(1)　$(-4.5) \times 0.7 \times (-2)$

(2)　$\left(-\dfrac{3}{4}\right) \times (-30) \times \left(-\dfrac{2}{5}\right)$

得点UP

2 はじめに**積の符号**を決める。負の数が**偶数個**あれば＋，**奇数個**あれば－になる。
(8)交換法則を利用して，$4 \times (-25) \times (-8) \times (-2)$とし，$4 \times (-25)$を先に計算するとよい。

2　正負の数(2)

累乗

1 次の積を，累乗の指数を使って表しなさい。 (4点×4)

(1) 3×3

(2) $(-8) \times (-8) \times (-8)$

(3) $-(8 \times 8 \times 8)$

(4) $\left(-\dfrac{2}{7}\right) \times \left(-\dfrac{2}{7}\right) \times \left(-\dfrac{2}{7}\right) \times \left(-\dfrac{2}{7}\right)$

2 次の計算をしなさい。 (7点×6)

(1) 7^2

(2) $(-3)^3$

(3) -9^2

(4) $(-9)^2$

(5) $\left(\dfrac{1}{4}\right)^2$

(6) $\left(-\dfrac{2}{3}\right)^3$

3 次の計算をしなさい。 (7点×6)

(1) $(-4) \times 3^2$

(2) $(2 \times 5)^3$

(3) $(-6) \times (-2^3)$

(4) $\left(-\dfrac{2}{5}\right)^2 \times (-50)$

(5) $(-1)^5 \times 3^3$

(6) $(-2)^3 \times (-5^2)$

得点UP

1 何を何個かけ合わせているかを考えて表す。

3 まず，累乗の部分を計算する。

月　　日

点

2　正負の数(2)

除法

合格点：**80**点／100点

1 次の計算をしなさい。　　　　　　　　　　　　　　　　　　　　　(4点×10)

(1) $(+24)\div(+6)$

(2) $(+72)\div(-8)$

(3) $(-24)\div(+3)$

(4) $(-54)\div(-9)$

(5) $(-60)\div5$

(6) $56\div(-4)$

(7) $(-5)\div11$

(8) $(-14)\div(-21)$

(9) $7.2\div(-6)$

(10) $0\div(-17)$

2 次の計算をしなさい。　　　　　　　　　　　　　　　　　　　　　(10点×6)

(1) $\dfrac{5}{6}\div(-3)$

(2) $(-8)\div\dfrac{4}{9}$

(3) $\left(-\dfrac{5}{12}\right)\div\left(-\dfrac{5}{6}\right)$

(4) $\left(-\dfrac{3}{5}\right)\div\dfrac{7}{10}$

(5) $\dfrac{3}{4}\div\left(-\dfrac{9}{16}\right)$

(6) $\left(-\dfrac{6}{7}\right)\div\left(-\dfrac{3}{14}\right)$

得点UP

❶ はじめに**商の符号**を決める。2数が**同符号**であれば＋，**異符号**であれば－になる。
❷ ある数でわることは，その数の**逆数をかける**ことと同じである。

START ○ ○ ● ● ● ● ● ● ○ GOAL

乗除の混じった計算

1 次の計算をしなさい。 (7点×6)

(1) $12 \times (-7) \div 4$

(2) $(-48) \div 3 \times (-5)$

(3) $(-90) \div (-5) \div (-6)$

(4) $12 \times (-3) \div (-27)$

(5) $(-35) \div 2 \div (-21)$

(6) $(-27) \div 9 \div (-14) \times (-7)$

2 次の計算をしなさい。 (7点×6)

(1) $\dfrac{1}{4} \times \dfrac{1}{2} \div \left(-\dfrac{1}{5}\right)$

(2) $\dfrac{2}{3} \div \left(-\dfrac{2}{7}\right) \times \left(-\dfrac{3}{5}\right)$

(3) $\dfrac{3}{5} \times \left(-\dfrac{4}{9}\right) \div \dfrac{8}{3}$

(4) $\left(-\dfrac{14}{15}\right) \div \dfrac{7}{8} \times \left(-\dfrac{3}{4}\right)$

(5) $\left(-\dfrac{5}{12}\right) \div \left(-\dfrac{3}{7}\right) \div \left(-\dfrac{5}{6}\right)$

(6) $\dfrac{2}{15} \times (-20) \div \left(-\dfrac{8}{9}\right)$

3 次の計算をしなさい。 (8点×2)

(1) $(-4)^2 \times 3 \div (-2^2)$

(2) $\dfrac{3}{10} \div \left(-\dfrac{3}{5}\right)^2 \times (-6^2)$

得点UP

1 わる数の逆数をかけて，**乗法だけの式**になおして計算する。

3 まず，**累乗の部分**を計算する。

四則の混じった計算(1)

月　　日

点

合格点：**80** 点／100 点

1 次の計算をしなさい。　　　　　　　　　　　　　　　　　(6点×10)

(1) $7+3\times(-6)$

(2) $24-(-40)\div8$

(3) $9\times(-4)+(-8)\times(-6)$

(4) $8+49\times(-2)\div7$

(5) $20-(-12)+12\times(-3)$

(6) $-36+(-27)\div(-3)+29$

(7) $8\times(-7)+(-8)^2$

(8) $(-4)^3+(-9)\times(-7)$

(9) $-9-(-6)^2\div3-(-15)$

(10) $18+4\times(-5^2)\div(-20)$

2 次の計算をしなさい。　　　　　　　　　　　　　　　　　(10点×4)

(1) $20+(9-15)\times2$

(2) $17+\{4+5\times(-6)\}$

(3) $13-(13-7^2)\div6$

(4) $5+\{-4^2-(6-14)\}$

得点UP

1 加減と乗除が混じった計算では，**乗除を先に**計算する。

2 **（　）の中・累乗→乗除→加減** の順に計算する。

四則の混じった計算(2)

月　　日

点

合格点：**75** 点／100 点

❶ 分配法則を利用して，次の計算をしなさい。 (9点×4)

(1) $\left(\dfrac{1}{5}-\dfrac{2}{3}\right)\times 15$

(2) $(-18)\times\left(\dfrac{5}{6}-\dfrac{10}{9}\right)$

(3) $1.7\times(-1.5)+(-2.7)\times(-1.5)$

(4) $\left(-\dfrac{2}{3}\right)\times 5+\left(-\dfrac{2}{3}\right)\times 4$

❷ 次の計算をしなさい。 (8点×8)

(1) $-2.8+1.2\div(-0.4)$

(2) $4\times 0.5-(-0.4)\times 7.5$

(3) $10+(2.9-6.9)\times 0.8$

(4) $-3.6\div(-2)^2-1.7$

(5) $-\dfrac{3}{4}+\dfrac{3}{10}\times\left(-\dfrac{5}{6}\right)$

(6) $-\dfrac{4}{7}\times 14+(-9)\div\left(-\dfrac{3}{5}\right)$

(7) $-12-(-14)\times\left(\dfrac{1}{2}-\dfrac{2}{7}\right)$

(8) $-10\div\left\{1-\left(-\dfrac{1}{3}\right)^2\times 27\right\}$

得点UP

❶ 分配法則　$(\Box+\bigcirc)\times\triangle=\Box\times\triangle+\bigcirc\times\triangle$，　$\triangle\times(\Box+\bigcirc)=\triangle\times\Box+\triangle\times\bigcirc$

❷ (7)かっこの中を先に計算するより，分配法則を利用したほうがよい。

素数

月　　日

点

合格点：**76** 点／100 点

1 次の中から，素数をすべて選び，記号で答えなさい。 （12点）

⑦　1　　　　⑦　7　　　　⑦　23　　　　⑧　39　　　　⑦　57

2 次の自然数を，素因数分解しなさい。 （10点×4）

(1)　24

(2)　54

(3)　882

(4)　1080

3 次の問いに答えなさい。 （12点×2）

(1)　216にできるだけ小さい自然数をかけて，ある整数の 2 乗になるようにしたい。どんな数をかければよいか，答えなさい。

(2)　1715をできるだけ小さい自然数でわって，ある整数の 2 乗になるようにしたい。どんな数でわればよいか，答えなさい。

4 次の数はある自然数の 2 乗である。どのような自然数の 2 乗になっているか答えなさい。 （12点×2）

(1)　144

(2)　324

得点UP

❶　素数は，1 とその数のほかに約数がない自然数である。

まとめテスト②

1 次の数の中から2つの数を選び，(1)，(2)にあてはまる場合を，それぞれ式で表しなさい。 (10点×2)

$$-3, \quad 1, \quad 4, \quad 2, \quad -5, \quad -2,$$

(1) 積が最も大きくなる場合

(2) 商が最も小さくなる場合

2 次の計算をしなさい。 (8点×8)

(1) $(-5) \times (-7)$

(2) $(-42) \div 6$

(3) $(-2)^3$

(4) $2 \times (-4) \times (-9) \times 5$

(5) $(-21) \div (-9) \div 7 \times (-18)$

(6) $\dfrac{5}{12} \div (-3) \div \left(-\dfrac{5}{9}\right)$

(7) $-4^2 + 16 \div 4 \times (-3)$

(8) $\left(\dfrac{2}{3} - 4\right) \div \dfrac{2}{3} - (-9)$

3 次の自然数を，素因数分解しなさい。 (8点×2)

(1) 36

(2) 525

3 文字と式

文字式の表し方

月　　日

点

合格点：**80**点／100点

1 次の式を，文字式の表し方にしたがって表しなさい。 (5点×8)

(1) $b \times 1 \times a$

(2) $3 \div b \div 5$

(3) $x \times 6 \div y$

(4) $(m-n) \times 0.1$

(5) $a \div 7 \times (-b)$

(6) $y \times x \times \left(-\dfrac{1}{2}\right)$

(7) $x \times x \times 4 \div y$

(8) $a \div 8 \times (b-2)$

2 次の式を，文字式の表し方にしたがって表しなさい。 (6点×6)

(1) $6 - 3 \times a$

(2) $x \times (-1) + 2 \div y$

(3) $10 - (a-b) \div 6$

(4) $7 + x \div 6 \div y$

(5) $a \times 0.1 + 1 \div b$

(6) $x + 3 \times x \times x \times x$

3 次の式を，×や÷の記号を使って表しなさい。 (6点×4)

(1) $\dfrac{xy}{3}$

(2) $\dfrac{2(a-1)}{b}$

(3) $ab - 3c$

(4) $\dfrac{x}{4} - 3y^2$

得点UP

1 左から順に，×や÷の記号をはぶいていく。

2 (2)乗法部分，除法部分をそれぞれまとめる。＋や−の記号ははぶけないことに注意する。

3 文字と式

数量の表し方

月　　日

点

合格点: **80** 点／100 点

1 次の数量を表す式を答えなさい。 (10点×8)

(1) 1冊 a 円のノートを3冊買ったときの代金

(2) x m の道のりを，分速50 m で歩くときにかかる時間

(3) 1個30円のみかんを a 個買って，1000円を出したときのおつり

(4) 男子が a 人と女子が b 人のグループが4つあるときの人数の合計

(5) 1辺の長さが x cm の立方体の体積

(6) 十の位の数が a，一の位の数が5である2けたの自然数

(7) x m^2 の花だんの7％の面積

(8) a 円の品物を，3割引きで買ったときの代金

2 次の〔 　〕の中の式は，どのような数量を表すかを答えなさい。また，その単位も答えなさい。 (10点×2)

(1) 周の長さが a cm の正方形があるとき $\left[\ \left(\dfrac{a}{4}\right)^2\ \right]$

(2) 全長 y km のハイキングコースを，時速4 km の速さで x 時間歩いたとき
〔 $y-4x$ 〕

得点UP

1 (7) 1 ％ ⇒ $\dfrac{1}{100}$ (または，0.01)　　(8) 1割 ⇒ $\dfrac{1}{10}$ (または，0.1)

3 文字と式

式の値(1)

1 $x=3$，$y=-4$ のとき，次の式の値を求めなさい。 (8点×8)

 (1)　$9x$

(2)　$-2x+8$

(3)　$7-5x$

(4)　$-\dfrac{x}{9}$

(5)　$-5y$

(6)　$-10-y$

(7)　$3y+8$

(8)　$-\dfrac{12}{y}$

2 $x=\dfrac{1}{5}$ のとき，次の式の値を求めなさい。 (9点×2)

(1)　$15x+7$

(2)　$1-2x$

3 $x=-\dfrac{1}{4}$ のとき，次の式の値を求めなさい。 (9点×2)

(1)　$12x-11$

(2)　$\dfrac{1}{4}-3x$

得点UP

1 (1)はぶかれた×の記号を使った式になおしてから代入するとよい。
(5)負の数は，（　）をつけて代入する。

式の値(2)

1 $x=2$，$y=-5$ のとき，次の式の値を求めなさい。　　(8点×8)

 (1) x^3

(2) $-3x^2$

(3) $(-x)^2$

(4) $4x^2-21$

(5) y^3

(6) $3y^2$

(7) $-y^2$

(8) $-4y^2+70$

2 次の式の値を求めなさい。　　(9点×4)

(1) $x=\dfrac{1}{2}$ のとき，$-10x^2$ の値

(2) $x=-\dfrac{3}{4}$ のとき，$14-16x^2$ の値

(3) $x=-3$ のとき，$2x-x^2$ の値

(4) $x=4$ のとき，$\dfrac{x^2}{2}-\dfrac{3}{4}x$ の値

得点UP

1 (1)$x^3=x\times x\times x$
(7)$-y^2$ は $(-y)^2$ とはちがう。

式を簡単にする

月　　日

点

合格点：**79**点／100点

1 次の計算をしなさい。 (5点×6)

(1) $7a+6a$

(2) $3x-8x$

(3) $-9y+(-5y)$

(4) $-10x+2x-4x$

(5) $-1.2a+3.2a$

(6) $\dfrac{2}{7}x-x$

2 次の計算をしなさい。 (7点×10)

(1) $9x-5-3x$

(2) $-8a+4+7a$

(3) $6x+6+3x-4$

(4) $y-8-7y+4$

(5) $-7x+6+10x-9$

(6) $3a-7-7a-2$

(7) $3-3y+4-8y$

(8) $6-2x-8+8x$

(9) $-2.4a-0.4+0.7a+1$

(10) $-\dfrac{4}{9}x+\dfrac{6}{7}-\dfrac{5}{9}x-\dfrac{4}{7}$

得点UP

❶ 文字の部分が同じ項は，1つの項にまとめることができる。$mx+nx=(m+n)x$

❷ 文字の項どうし，数の項どうしをそれぞれまとめる。

3　文字と式

1次式の加法

① 次の計算をしなさい。 (5点×6)

(1)　$4x+(x-3)$

(2)　$-6a+(7-2a)$

(3)　$5a+(-9a+8)$

(4)　$3x+6+(6x-8)$

(5)　$-7x-8+(4+4x)$

(6)　$6a-2+(-7-6a)$

② 次の計算をしなさい。 (7点×10)

(1)　$(x-2)+(5x+7)$

(2)　$(6x-5)+(2x+3)$

(3)　$(8a-7)+(a-7)$

(4)　$(-2a+6)+(8a-3)$

(5)　$(7x+1)+(-5x-8)$

(6)　$(-9a-5)+(8+4a)$

(7)　$(-7x+8)+(-7+9x)$

(8)　$(-2a-9)+(-7a+3)$

(9)　$(8a-5)+(5-3a)$

(10)　$(x+7)+(3-5x)$

得点UP

① ＋（ ）は，そのままかっこをはずす。

② （ ）をはずしてから，**文字の項どうし，数の項どうし**をそれぞれまとめる。

3 文字と式

1次式の減法

① 次の計算をしなさい。　　　　　　　　　　　　　　　　　　　　　　　(5点×6)

(1)　$5a-(2a+9)$

(2)　$7x-(5+6x)$

(3)　$6a-(9a-2)$

(4)　$9a+5-(5a+2)$

(5)　$-2x+4-(6x-3)$

(6)　$-4x+6-(10-7x)$

② 次の計算をしなさい。　　　　　　　　　　　　　　　　　　　　　　(7点×10)

(1)　$(4x+9)-(2x+5)$

(2)　$(a+6)-(6a-5)$

(3)　$(-3x+5)-(3x+10)$

(4)　$(a+8)-(-4a+2)$

(5)　$(4a-3)-(-6+5a)$

(6)　$(-6x+9)-(9-8x)$

(7)　$(7x-6)-(4+2x)$

(8)　$(-5a-10)-(-5a-2)$

(9)　$(x-3)-(9x-9)$

(10)　$(-9a-3)-(7-8a)$

❶　$-(\ )$は，かっこの中の**各項の符号を変えて**，かっこをはずす。

得点UP

START　　　　　　　　　　　　　　　　　　　　　　　　　　　　　GOAL

1次式の加減

合格点：**79** 点／100 点
点

1 次の計算をしなさい。 (7点×6)

(1) $(1.3a+1.5)+(0.7a-2)$

(2) $(2.4x-1.6)+(-0.8x+2.9)$

(3) $(0.7x-1.3)-(1.2x-1.7)$

(4) $\left(\dfrac{2}{5}a-1\right)+\left(\dfrac{1}{5}a+\dfrac{3}{7}\right)$

(5) $\left(\dfrac{2}{3}a-\dfrac{1}{4}\right)-\left(a+\dfrac{2}{3}\right)$

(6) $\left(-\dfrac{4}{7}x+\dfrac{7}{10}\right)-\left(\dfrac{2}{5}-\dfrac{5}{14}x\right)$

2 次の2つの式をたしなさい。また，左の式から右の式をひきなさい。 (6点×8)

(1) $5a+4,\ 3a-2$

(2) $2x-7,\ 3+6x$

(3) $-x-6,\ 7x-3$

(4) $-3a-2,\ 7-4a$

3 次の計算をしなさい。 (5点×2)

(1)
$$\begin{array}{r} 9x-8 \\ +)\ -4x+5 \\ \hline \end{array}$$

(2)
$$\begin{array}{r} x+9 \\ -)\ 4x-2 \\ \hline \end{array}$$

得点UP

2 それぞれの式に（ ）をつけて，（ ）＋（ ）や（ ）−（ ）の形にしてからかっこをはずす。

3 (2)ひくほうの式の**各項の符号を変えて**加える。

1次式と数の乗法

1 次の計算をしなさい。 (5点×6)

(1) $3a \times 6$

(2) $7x \times (-4)$

(3) $-y \times 5$

(4) $-4n \times (-9)$

(5) $0.5a \times (-8)$

(6) $-\dfrac{2}{3}x \times 15$

2 次の計算をしなさい。 (7点×10)

(1) $4(2a+3)$

(2) $(3x+2) \times (-5)$

(3) $-(6y-7)$

(4) $(a-6) \times (-4)$

(5) $-8(4x+7)$

(6) $6(-3a+4)$

(7) $(-2n-5) \times (-9)$

(8) $10(2a-0.7)$

(9) $\dfrac{1}{3}(-6a+12)$

(10) $-12\left(\dfrac{2}{3}x - \dfrac{3}{4}\right)$

得点UP

❶ **数どうしの積**を求めて，それに文字をかける。

❷ **分配法則**を使い，かっこの外の数を**かっこ内のすべての項にかける**。

3 文字と式

1次式と数の除法

1 次の計算をしなさい。　　　　　　　　　　　　　　　　　　　　（5点×6）

(1)　$28a \div 4$

(2)　$-36x \div 9$

(3)　$30y \div (-5)$

(4)　$-6x \div 6$

(5)　$-6b \div (-9)$

(6)　$6a \div \left(-\dfrac{3}{4}\right)$

2 次の計算をしなさい。　　　　　　　　　　　　　　　　　　　　（7点×10）

(1)　$(12a-30) \div 6$

(2)　$(9x-15) \div (-3)$

(3)　$(-18b+4) \div 2$

(4)　$(7y+28) \div (-7)$

(5)　$(40a-8) \div (-8)$

(6)　$(-54x+27) \div (-9)$

(7)　$(80b+160) \div (-40)$

(8)　$(-600x-800) \div 200$

(9)　$(a-4) \div \dfrac{1}{5}$

(10)　$(6y-4) \div \left(-\dfrac{2}{3}\right)$

得点UP

❶ 分数の形にして，**数どうしで約分**する。わる数が分数のときは，わる数の逆数をかけて，除法を乗法になおす。

❷ 除法を**乗法**になおして計算するとよい。

3　文字と式

1次式と数の乗除

① 次の計算をしなさい。 (6点×10)

(1)　$9(3x-6)$

(2)　$-5(-y+7)$

(3)　$7(-8a+2)$

(4)　$-6\left(\dfrac{2}{3}b+3\right)$

(5)　$(12x-20)\times\left(-\dfrac{1}{4}\right)$

(6)　$-9\left(-\dfrac{a}{9}+\dfrac{2}{3}\right)$

(7)　$(14y-49)\div7$

(8)　$(-15b+60)\div(-5)$

(9)　$(3x+9)\div\left(-\dfrac{1}{3}\right)$

(10)　$(-2a+6)\div\dfrac{2}{5}$

② 次の計算をしなさい。 (10点×4)

(1)　$\dfrac{x+2}{3}\times9$

(2)　$16\times\dfrac{7y-10}{8}$

(3)　$-12\times\dfrac{3x-5}{3}$

(4)　$\dfrac{-3a+7}{2}\times(-12)$

得点UP

②　(1)分子に（　）をつけて分母とかける数とで**約分**し，（　）**×数の形**になおして計算する。

3 文字と式

いろいろな計算

1 次の計算をしなさい。 (8点×8)

(1) $x+3(2x-3)$

(2) $4(a-2)+2(2a+5)$

(3) $2(3y-5)+(-8y+4)$

(4) $3(3x+1)+4(2-3x)$

(5) $(a+7)-3(a+2)$

(6) $5(3b-2)-2(4b+3)$

(7) $3(3x+4)-5(2x-4)$

(8) $6(3y-2)-2(9y-4)$

2 次の計算をしなさい。 (9点×2)

(1) $\dfrac{1}{4}(4x+12)+\dfrac{3}{5}(10x-15)$

(2) $\dfrac{2}{3}(6a-15)-\dfrac{6}{7}(7a-21)$

3 $A=-4x-2$, $B=2x-3$ として，次の式を計算しなさい。 (9点×2)

(1) $A+3B$

(2) $2A-3B$

✎ 得点UP

1 分配法則を使ってかっこをはずし，文字の項，数の項をそれぞれまとめる。

3 A, B の式に（　）をつけて代入する。

等しい関係を表す式

合格点：**80**点／100点

点

1 次の数量の間の関係を等式で表しなさい。　　　　　　　　　　（10点×7）

(1)　ある数 a の5倍から8をひくと，a に2をたした数の3倍と等しくなる。

(2)　1個 m kg の品物7個の重さは n kg である。

(3)　1冊 a 円のノートを5冊と400円の絵の具を買うと，代金の合計は b 円である。

(4)　8人の生徒で x m のテープを等分したら，1人分のテープは y m だった。

(5)　20km の道のりを，時速6km で x 時間走ったときの残りの道のりは y km だった。

(6)　a 枚の画用紙を，x 人の生徒に1人4枚ずつ配ろうとしたら7枚たりなかった。

(7)　昨年のボランティアの参加者の人数は x 人で，今年は昨年より20%増えて y 人だった。

2 次の面積や体積を求める公式をつくりなさい。　　　　　　　　（10点×3）

(1)　底辺 a cm，高さ h cm の三角形の面積 S cm^2

(2)　2本の対角線の長さが a cm，b cm のひし形の面積 S cm^2

(3)　1辺が x cm の立方体の体積 V cm^3

得点UP

1　(7)20%増えた人数は，（もとになる人数）$\times \left(1+\dfrac{20}{100}\right)$

START　　　　　　　　　　　　　　　　　　　　　　　　　　　　　　　　GOAL

3　文字と式

大小関係を表す式

1 次の数量の間の関係を不等式で表しなさい。 （10点×8）

(1) ある数 x の3倍に8をたした数は，x の4倍から7をひいた数より大きい。

(2) バスの乗客 m 人のうち6人降りたので，残りの乗客は n 人以下になった。

(3) 1個2kgの荷物 a 個と1個3kgの荷物 b 個の重さの合計は20kg以上である。

(4) x km の道のりを時速40km で走ったら，かかった時間は y 時間未満だった。

(5) 1本 a 円の鉛筆5本と1冊 b 円のノート3冊を1000円で買うことができた。

(6) x ページの本を毎日30ページずつ読んでいたが，y 日間では読み終わらなかった。

(7) 3m のリボンから20cm のリボンを x 本切り取ったら，残りのリボンの長さは y cm 以下になった。

(8) 定価500円の品物を，定価の a 割引きで買ったら b 円より安かった。

2 縦 a cm，横 b cm の長方形がある。この長方形について，次の不等式はどんなことを表しているか答えなさい。（10点×2）

(1) $ab < 24$

(2) $2(a+b) \geqq 18$

1 a は b 以上… $a \geqq b$，a は b 以下… $a \leqq b$，a は b より大きい… $a > b$，a は b 未満… $a < b$
(8)定価の a 割引きの値段は，（定価）× $\left(1 - \dfrac{a}{10}\right)$（円）

まとめテスト③

1　$x=-3,\ y=\dfrac{1}{3}$ のとき，次の式の値を求めなさい。　(6点×4)

(1)　$-\dfrac{9}{x}$

(2)　$4-18y$

(3)　$-27y^2$

(4)　$2x+3-5(x+2)$

2　次の計算をしなさい。　(6点×4)

(1)　$-7x+7+4x$

(2)　$a-9-\dfrac{a}{3}+7$

(3)　$(4x-10)+(4x+3)$

(4)　$(2a-4)-(8a+7)$

3　次の計算をしなさい。　(6点×6)

(1)　$-8x\times3$

(2)　$4a\div\left(-\dfrac{2}{5}\right)$

(3)　$-7(5x-3)$

(4)　$(20a-12)\div(-4)$

(5)　$2(b-7)+3(2b+4)$

(6)　$4(2a-3)-9(-a-2)$

4　次の数量の間の関係を，等式または不等式で表しなさい。　(8点×2)

(1)　3人が a 円ずつ出し合った金額で，1個 b 円の品物をちょうど5個買うことができた。

(2)　Aさんの数学のテストの得点は x 点，英語のテストの得点は y 点で，2つの得点の平均点は75点以上だった。

4 方程式

月　　日

点

方程式とその解

合格点：**80**点／100点

1 次の問いに答えなさい。　　　　　　　　　　　　　　　　　　（15点×4）

(1)　1，2，3 のうち，方程式 $5x-8=7$ の解を答えなさい。

(2)　−1，0，1 のうち，方程式 $2x-7=9x$ の解を答えなさい。

(3)　0，1，2，3，4 のうち，方程式 $4x+5=6x-1$ の解を答えなさい。

(4)　−4，−2，0，2，4 のうち，方程式 $3x-25=15-7x$ の解を答えなさい。

2 次の問いに答えなさい。　　　　　　　　　　　　　　　　　　（20点×2）

(1)　次の方程式のうち，5 が解であるものを選び，記号で答えなさい。

　　⑦　$5x+12=9x$　　　④　$3x-8=6x+7$　　　⑦　$7x-6=4x+9$

(2)　次の方程式のうち，−3 が解であるものをすべて選び，記号で答えなさい。

　　⑦　$8x-7=17$　　　　　　④　$2x=9x+21$

　　⑦　$4x-5=6x+3$　　　　　⊆　$3x+5=-7-x$

得点UP

❶　式の中の文字に特別な値を代入すると成り立つ等式を**方程式**といい，方程式を成り立たせる文字の値を**解**という。方程式の x にそれぞれの数を代入して，左辺＝右辺 となるものが，その方程式の解である。

4　方程式

等式の性質と方程式

点

合格点：**80** 点／100 点

1 次の方程式の解き方で，□ にあてはまる数を答えなさい。　　（10点×2）

(1)　$x-3=5$

両辺に □ を加えると，

$x-3+\boxed{}=5+\boxed{}$

$x=\boxed{}$

(2)　$4x=20$

両辺を □ でわると，

$\dfrac{4x}{\boxed{}}=\dfrac{20}{\boxed{}}$

$x=\boxed{}$

2 次の方程式を解きなさい。　　（8点×10）

(1)　$x+8=-3$

(2)　$-6x=42$

(3)　$x-9=-2$

(4)　$\dfrac{1}{9}x=-3$

(5)　$-4x=-32$

(6)　$-\dfrac{x}{6}=\dfrac{2}{3}$

(7)　$x+2=1.7$

(8)　$0.4x=-1.2$

(9)　$x-\dfrac{2}{7}=\dfrac{5}{7}$

(10)　$-\dfrac{2}{5}x=-4$

得点UP

2 等式の性質を利用し，「$x=\sim$」の形に変形する。

方程式の解き方(1)

1 次の方程式を解きなさい。　　　　　　　　　　　　　　　　　　　　　　　（6点×6）

(1) $2x+4=12$

(2) $4x-5=-13$

(3) $3x+8=-13$

(4) $5x-7=8$

(5) $8-4x=-8$

(6) $2-6x=14$

2 次の方程式を解きなさい。　　　　　　　　　　　　　　　　　　　　　　　（8点×8）

(1) $5x=4x+6$

(2) $2x=6x+16$

(3) $3x=5x-10$

(4) $4x=-x-20$

(5) $10x=16+2x$

(6) $-9x=18-3x$

(7) $-4x=20-8x$

(8) $-11x=4-5x$

得点UP

① 左辺の数の項を右辺に移項し，「$ax=b$」の形にしてから，両辺を x の係数 a でわる。

② 右辺の x をふくむ項を左辺に移項し，「$ax=b$」の形にしてから，両辺を x の係数 a でわる。

4　方程式

方程式の解き方(2)

1 次の方程式を解きなさい。

(6点×6)

(1) $2x - 40 = -3x$

(2) $8x + 18 = 5x$

(3) $-5x - 28 = 2x$

(4) $6 - 8x = -6x$

(5) $-40 - 9x = -x$

(6) $24 + 3x = 9x$

2 次の方程式を解きなさい。

(8点×8)

(1) $7x + 6 = 4x - 9$

(2) $5x + 7 = 6x + 9$

(3) $6x - 3 = 5 - 2x$

(4) $-x - 5 = 6x - 40$

(5) $12 - 5x = 2 - 10x$

(6) $-18 - 5x = 4x + 9$

(7) $5 + 4x = 8x + 7$

(8) $4x + 9 = 9 - 2x$

得点UP

❶ x をふくむ項は左辺に，数の項は右辺に移項する。

方程式の解き方(3)

1 次の方程式を解きなさい。 (6点×6)

(1) $x-2=-7$

(2) $-\dfrac{1}{8}x=-2$

(3) $9x+2=-7$

(4) $11-7x=-10$

(5) $8x=6x+14$

(6) $-7x=12-4x$

2 次の方程式を解きなさい。 (8点×8)

(1) $8x+9=5x$

(2) $5x-18=-4x$

(3) $12-6x=-4x$

(4) $-3x-25=2x$

(5) $9x+6=5x-2$

(6) $7x-3=8x-9$

(7) $4x+9=15-4x$

(8) $7-6x=-8x-9$

得点UP

2 (3) x の係数が正の数になるように，x をふくむ項を右辺に，数の項を左辺にしてもよい。

START ○━○━○━○━○━○━○━○　　　●　　●　　○ GOAL

かっこをふくむ方程式

1 次の方程式を解きなさい。 (5点×8)

(1) $1+3(x-5)=4$

(2) $-4(2x-9)=x$

(3) $2(3x+7)+6=2$

(4) $6x+2(x-6)=4$

(5) $4x-3(2x+1)=1$

(6) $5(2x+3)=3x+8$

(7) $5+x=4(5-x)$

(8) $9-6(2x-3)=3-8x$

2 次の方程式を解きなさい。 (10点×6)

(1) $3(2x-8)=2(x+2)$

(2) $4(3-x)=2(x+3)$

(3) $-4(x+2)=3(2x+4)$

(4) $8(2x-1)=-5(1-3x)$

(5) $4x-7(x-2)=2(4-3x)$

(6) $3(3x-5)-7(2x-1)=12$

得点UP

1 分配法則　$a(b+c)=ab+ac$　を利用して，**かっこをはずしてから解く。**

係数が小数や分数の方程式

点

合格点：**80** 点／100 点

1 次の方程式を解きなさい。　　　　　　　　　　　　　　　　　　（10点×4）

(1) $0.8x + 2 = 0.4x$

(2) $0.5x + 3 = x - 1.5$

(3) $0.06x - 0.5 = -0.18 - 0.02x$

(4) $1.2x + 0.9 = 0.9(2x + 7)$

2 次の方程式を解きなさい。　　　　　　　　　　　　　　　　　　（10点×4）

(1) $\dfrac{x-2}{2} = \dfrac{2}{3}x$

(2) $\dfrac{4}{5}x - 1 = \dfrac{1}{3}x + \dfrac{2}{5}$

(3) $\dfrac{7x+1}{4} = \dfrac{5x+8}{2}$

(4) $\dfrac{x+4}{6} = \dfrac{3}{8}x - 1$

3 次の x についての方程式の解が〔　〕の中の値のとき，a の値を求めなさい。（10点×2）

(1) $3x + a = 5x - 2$　〔 4 〕

(2) $2x + a = 4a - x$　〔 -6 〕

得点UP

❶ 両辺に10や100をかけて，**係数を整数**にしてから解く。

❷ 両辺に分母の最小公倍数をかけて，**分母をはらって**から解く。

比例式

1 次の比例式で，x の値を求めなさい。 （8点×8）

(1) $x : 6 = 3 : 2$

(2) $20 : 4 = x : 3$

(3) $10 : x = 2 : 7$

(4) $27 : 12 = 18 : x$

(5) $40 : 25 = x : 15$

(6) $18 : 42 = 12 : x$

(7) $x : 18 = \dfrac{1}{6} : \dfrac{1}{4}$

(8) $\dfrac{2}{3} : \dfrac{4}{5} = x : 24$

2 次の比例式で，x の値を求めなさい。 （9点×4）

(1) $(x+5) : 3 = 4 : 1$

(2) $15 : 9 = (x-3) : 6$

(3) $4 : x = 10 : (x+9)$

(4) $45 : (2x-7) = 27 : x$

得点UP

❶ 比 $a : b$ と比 $c : d$ が等しいことを表す等式 $a : b = c : d$ を**比例式**という。
比例式の性質 **$a : b = c : d$ ならば $ad = bc$** を利用して，x についての方程式をつくる。

4 方程式

いろいろな方程式

月　　日

点

1 次の方程式を解きなさい。

(8点×8)

(1)　$4(x-5)=x+4$

(2)　$4(x+11)=-5(x-7)$

(3)　$0.2x-1.5=0.7x+3$

(4)　$0.2x-1=0.08x-0.4$

(5)　$0.3(x+2)-2=0.5x$

(6)　$\dfrac{1}{3}x+4=\dfrac{4}{5}x-3$

(7)　$\dfrac{x}{4}-3=\dfrac{2x+1}{3}$

(8)　$\dfrac{3x+4}{2}=\dfrac{7x-4}{8}$

2 次の比例式で，x の値を求めなさい。

(9点×4)

(1)　$x:35=6:5$

(2)　$15:x=9:12$

(3)　$5:20=(x-3):24$

(4)　$x:10=(x+21):25$

得点UP

❶ (5)まず，両辺に10をかけて小数を整数になおし，次に，かっこをはずす。
(7)両辺に分母の最小公倍数をかけて，分母をはらう。整数の項へのかけ忘れに注意する。

4　方程式

まとめテスト④

1 次の方程式を解きなさい。 (7点×10)

(1)　$x + 7 = 4$

(2)　$-\dfrac{x}{7} = -5$

(3)　$-9x = 18 - 7x$

(4)　$2x + 3 = 8x - 9$

(5)　$3x + 6 = -4x - 8$

(6)　$9 - 3x = 5x + 9$

(7)　$5x - 4(2x - 7) = 4$

(8)　$2 - 3(2x + 3) = 5(1 - 2x)$

(9)　$-0.7x + 5 = 0.5 - 1.6x$

(10)　$\dfrac{4x - 1}{5} = \dfrac{x + 2}{2}$

2 次の比例式で，x の値を求めなさい。 (10点×2)

(1)　$32 : 12 = x : 9$

(2)　$(x - 3) : 15 = 4 : 10$

3 x についての方程式 $-6x + 5 = a - x$ の解が $x = -2$ であるとき，a の値を求めなさい。

(10点)

5　比例と反比例

比例の式

点

合格点：**78** 点／100 点

1 変数 x が次の範囲の値をとるとき，x の変域を不等号を使って表しなさい。(6点×4)

(1)　−3以上6以下

(2)　8未満

(3)　0より大きく5以下

(4)　負の数

2 次の式で表される x と y の関係で，y が x に比例するものをすべて選び，記号で答えなさい。

(16点)

㋐　$y = x - 2$　　　㋑　$y = \dfrac{x}{2}$　　　㋒　$y = -\dfrac{2}{x}$　　　㋓　$y = -2x$

3 次の問いに答えなさい。

(15点×4)

(1)　y は x に比例し，$x = -1$ のとき $y = 1$ である。y を x の式で表しなさい。

(2)　y は x に比例し，$x = 8$ のとき $y = 6$ である。y を x の式で表しなさい。

(3)　y は x に比例し，$x = -2$ のとき $y = 6$ である。$x = 3$ のときの y の値を求めなさい。

(4)　y は x に比例し，$x = 4$ のとき $y = -6$ である。$x = -8$ のときの y の値を求めなさい。

得点UP

❶ 「以上」「以下」はその数をふくみ，「未満」「より大きい」はその数をふくまない。
❸ 求める式を $y = ax$ とおき，x と y の値を代入して，比例定数 a の値を求める。

反比例の式

1 次の式で表される x と y の関係で，y が x に反比例するものをすべて選び，記号で答えなさい。　　　　　　　　　　　　　　（16点）

⑦　$xy = -8$　　　⑦　$y = -\dfrac{x}{2}$　　　⑦　$y = \dfrac{8}{x} - 2$　　　⑦　$y = \dfrac{2}{x}$

2 次の問いに答えなさい。　　　　　　　　　　　　　　（15点×3）

(1)　y は x に反比例し，$x=3$ のとき $y=3$ である。y を x の式で表しなさい。

(2)　y は x に反比例し，$x=4$ のとき $y=-3$ である。y を x の式で表しなさい。

(3)　y は x に反比例し，$x=-4$ のとき $y=6$ である。$x=8$ のときの y の値を求めなさい。

3 次の表で，y は x に反比例している。下の問いに答えなさい。　　（(1)11点，(2)7点×4）

x	⑦	-1	2	⑦	6	
y	12	⑦	-18	-9	⑦	

(1)　y を x の式で表しなさい。

(2)　表の⑦～⑦にあてはまる数を求めなさい。

得点UP　　**2** 求める式を $y = \dfrac{a}{x}$ とおき，x と y の値を代入して，比例定数 a の値を求める。

START　○──○──○──○──○──○──○──○──○　GOAL

比例と反比例

1 次の(1)〜(5)について，y を x の式で表し，y が x に比例するものと反比例するものをそれぞれすべて選びなさい。
(8点×7)

(1) 1辺が x cm の正三角形の周の長さは y cm である。

(2) 20km の道のりを，時速 x km で進むと，y 時間かかる。

(3) 1000円を兄弟で分けるとき，兄の分を x 円とすると，弟の分は y 円である。

(4) 100L 入る水そうに毎分 x L ずつ水を入れるとき，いっぱいになるまでに y 分間かかる。

(5) 6 m の重さが90g の針金 x m の重さは，y g である。

2 次の表で，①は y は x に比例していて，②は y は x に反比例している。下の問いに答えなさい。
((1)7点×2，(2)5点×6)

①

x	-1	2	4	8
y	㋐	-8	㋑	㋒

②

x	-1	2	4	8
y	㋓	-8	㋔	㋕

(1) それぞれ，y を x の式で表しなさい。

(2) 表の㋐〜㋕にあてはまる数を求めなさい。

得点UP

1 公式やことばの式に文字や数をあてはめて式に表し，比例か反比例かを判断する。

2 (2)(1)で表した式に x の値を代入して求めるとよい。

まとめテスト⑤

1 変数 x が次の範囲の値をとるとき，x の変域を不等号を使って表しなさい。(10点×2)

(1)　0 以上 8 以下

(2)　-3 より大きく 7 未満

2 次の(1)，(2)について，y を x の式で表しなさい。 (12点×2)

(1)　y は x に比例し，$x=4$ のとき，$y=-10$

(2)　y は x に反比例し，$x=7$ のとき，$y=2$

3 次の表で表される x と y の関係について，下の問いに答えなさい。 (15点×2)

⑦

x	-2	-1	0	1	2	3
y	4	1	0	1	4	9

⑦

x	-2	-1	0	1	2	3
y	-3	-6		6	3	2

⑦

x	-2	-1	0	1	2	3
y	-6	-7		7	6	5

⑤

x	-2	-1	0	1	2	3
y	-8	-4	0	4	8	12

(1)　y が x に比例するものを選び，y を x の式で表しなさい。

(2)　y が x に反比例するものを選び，y を x の式で表しなさい。

4 次の⑦～⑤の式で表される x と y の関係で，下の(1)，(2)にあてはまるものを
すべて選び，記号で答えなさい。 (13点×2)

⑦　$y=-\dfrac{x}{5}$　　　⑦　$y=-\dfrac{5}{x}$　　　⑦　$y=\dfrac{2}{5}x$　　　⑤　$y=-\dfrac{10}{x}$

(1)　y は x に反比例する。

(2)　グラフが，点 $(-5, -2)$ を通る。

月　　日

6　図形と計量

円とおうぎ形の計量

点

合格点：**80**点／100点

※以下の問題では，円周率を π とする。

1　半径が10cm の円の周の長さと面積を求めなさい。　(5点×2)

2　次の図のおうぎ形の弧の長さと面積を求めなさい。　(15点×4)

(1)

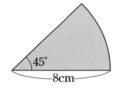

45°

8cm

(2)

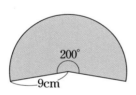

200°

9cm

3　半径が12cm，弧の長さが9πcm のおうぎ形について，次の問いに答えなさい。

(15点×2)

(1)　中心角の大きさを求めなさい。

(2)　面積を求めなさい。

得点UP

2　おうぎ形の弧の長さや面積は，**中心角に比例**する。

START　○──○──○──○──○──○──○──○──○　GOAL

立体の体積

※以下の問題では，円周率を π とする。

1 次の角柱と円柱の体積を求めなさい。　　　　　　　　　　　　　　　（16点×2）

(1)

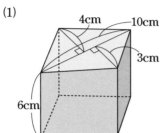

4cm　　10cm

3cm

6cm

(2)

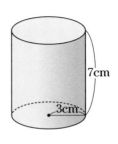

7cm

3cm

2 次の正四角錐と円錐の体積を求めなさい。　　　　　　　　　　　　　（16点×2）

(1)

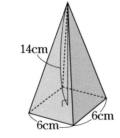

14cm

6cm

6cm

(2)

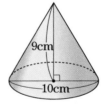

9cm

10cm

3 次の立体の体積を求めなさい。　　　　　　　　　　　　　　　　　　（12点×3）

(1)　底面の半径が 7 cm で，高さが 6 cm の円柱

(2)　底面の半径が 4 cm で，高さが 12 cm の円錐

(3)　半径が 6 cm の球

6 図形と計量

立体の表面積

月　　日

点

合格点：80点／100点

※以下の問題では，円周率を π とする。

1 右の図の三角柱の表面積を求めなさい。 （20点）

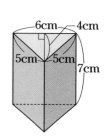

2 右の図の円柱の表面積を求めなさい。 （20点）

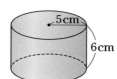

3 右の図の正四角錐の表面積を求めなさい。 （20点）

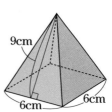

4 右の円錐について，次の問いに答えなさい。 （10点×2）

(1) 側面のおうぎ形の中心角を求めなさい。

(2) 側面積を求めなさい。

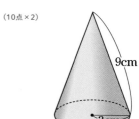

5 半径が 3 cm の球の表面積を求めなさい。 （20点）

得点UP

4 (1)側面のおうぎ形の弧の長さは，底面の円周に等しい。また，おうぎ形の弧の長さは，中心角に比例する。

5 半径 r の球の表面積を S とすると，$S = 4\pi r^2$

立体の体積と表面積

合格点：**80** 点／100 点

月　日

点

1 右の図の三角柱の体積と表面積を求めなさい。　（20点×2）

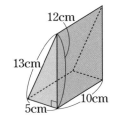

12cm
13cm
5cm
10cm

2 底面の半径が 4 cm，高さが 9 cm の円柱の体積と表面積を求めなさい。ただし，円周率は π とする。

（20点×2）

3 右の図は，直方体と三角柱を組み合わせた立体である。この立体の体積を求めなさい。　（20点）

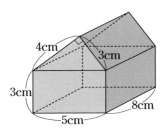

4cm
3cm
3cm
5cm
8cm

得点UP

2 側面の長方形の縦の長さは高さと等しく，横の長さは**底面の円周と等しい**ことから，側面積を求める。

3 五角柱と考えて，**底面積×高さ** で求めるとよい。

回転体の体積と表面積

合格点：**80**点／100点

※以下の問題では，円周率を π とする。

1 右の図の長方形 ABCD を，直線 ℓ を軸として 1 回転させてできる立体の，体積と表面積をそれぞれ求めなさい。

(15点×2)

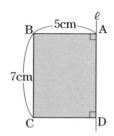

2 右の図の直角三角形 ABC を，直線 ℓ を軸として 1 回転させてできる立体の，体積と表面積をそれぞれ求めなさい。

(15点×2)

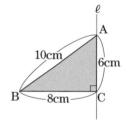

3 右の図の台形 ABCD を，直線 ℓ を軸として 1 回転させてできる立体の，体積と表面積をそれぞれ求めなさい。

(20点×2)

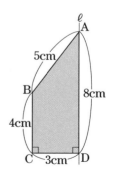

得点UP

1 回転体の見取図をかき，わかっている長さを書き入れるとよい。

3 円柱と円錐を組み合わせた立体ができる。

まとめテスト⑥

※以下の問題では，円周率を π とする。

1 右の図のおうぎ形の弧の長さと面積を求めなさい。 （10点×2）

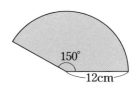

150°
12cm

2 右の図の円錐の体積と表面積を求めなさい。 （20点×2）

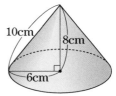

10cm
8cm
6cm

3 次の正四角錐と円柱の表面積を求めなさい。 （20点×2）

(1)
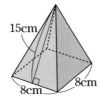

15cm
8cm　8cm

(2)
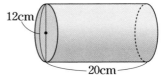

12cm
20cm

データの活用

1 次の表は，生徒20人の睡眠時間のデータを整理したものである。
下の問いに答えなさい。

(10点×8)

睡眠時間

階級(時間)	度数(人)	相対度数	累積度数(人)	累積相対度数
以上　　未満 4 ～ 5	1	0.05	1	0.05
5 ～ 6	3	⑦	4	⑦
6 ～ 7	5	④	⑦	0.45
7 ～ 8	8	0.40	17	⑦
8 ～ 9	2	0.10	⑤	0.95
9 ～ 10	1	0.05	20	1.00
合計	20	1.00		

(1) 上の表の⑦～⑦にあてはまる数を答えなさい。

(2) このデータの中央値は，どの階級にふくまれるか，求めなさい。

(3) 睡眠時間が7時間未満の生徒の割合は，全体の何％か求めなさい。

2 右の表は，コインを投げて表が出
た回数をまとめたものである。
このコインを5000回投げたとす
ると，表と裏はそれぞれ何回出ると考えられるか。

投げた回数	50	100	200
表の回数	26	53	106

(10点×2)

得点UP

1 (1)最初の階級から，その階級までの度数の合計を**累積度数**，相対度数の合計を**累積相対度数**という。

7　データの活用

まとめテスト⑦

月　　日

点

合格点：**80**点／100点

1　次のデータは，生徒10人のゲームの得点である。下の問いに答えなさい。

(10点×2)

> 5，8，10，2，4，5，7，2，9，6 （単位：点）

(1)　得点の範囲を求めなさい。

(2)　中央値を求めなさい。

2　右の表は，野球部30人の握力のデータを度数分布表に整理したものである。次の問いに答えなさい。

((1)5点×8，(2)(3)10点×2)

(1)　右の表の⑦〜⑦にあてはまる数を答えなさい。

(2)　最頻値を求めなさい。

握　力

握力(kg)	階級値(kg)	度数(人)	階級値×度数
以上　未満 20〜25	22.5	1	22.5
25〜30	⑦	2	55
30〜35	④	⑤	⑥
35〜40	⑨	13	⑩
40〜45	42.5	8	⑪
合計		30	⑫

(3)　平均値を，四捨五入して小数第1位まで求めなさい。

3　あるびんのふたを120回投げたとき，53回表になった。次の問いに答えなさい。

(10点×2)

(1)　表になる場合の相対度数を，四捨五入して小数第2位まで求めなさい。

(2)　(1)で求めた相対度数を使うと，300回投げたとき表は何回出ると考えられるか。

総復習テスト①

目標時間：**20**分　合格点：**80**点／100点

1 −2.5と2.5の間にある数について，次の問いに答えなさい。　(3点×2)

(1) 最も小さい整数を求めなさい。

(2) 絶対値が2.5より小さい整数を，小さいほうから順にすべて答えなさい。

2 次の計算をしなさい。　(4点×4)

(1) $7-12+2$

(2) $9+(-7)-(-6)-4$

(3) $(-6)^2 \div 4 \times (-7)$

(4) $\left(\dfrac{1}{2}-\dfrac{3}{4}\right) \times 8 - (-8)$

3 $x=-2$ のとき，次の式の値を求めなさい。　(4点×2)

(1) $\dfrac{10}{x}+10$

(2) $3x-x^2$

4 次の計算をしなさい。　(4点×6)

(1) $8-a-2-4a$

(2) $(7x+3)-(5-4x)$

(3) $(8b-28) \div (-4)$

(4) $\dfrac{-3y+2}{4} \times (-12)$

(5) $2(4a+3)-3(5a-2)$

(6) $\dfrac{2}{5}(5x-10)-\dfrac{1}{2}(6x-4)$

裏面へ

5 次の方程式を解きなさい。 (4点×4)

(1) $x+4=4x-5$

(2) $2(3x+5)-2x=2$

(3) $\dfrac{3}{7}x+\dfrac{1}{3}=\dfrac{x}{3}-1$

(4) $\dfrac{-x+6}{5}=\dfrac{x+3}{4}$

6 x についての方程式 $x-4(x+a)=10$ の解が $x=-2$ であるとき，a の値を
求めなさい。 (6点)

7 次の自然数を，素因数分解しなさい。 (4点×2)

(1) 392

(2) 450

8 次の(1)，(2)について，y を x の式で表しなさい。 (3点×2)

(1) y は x に比例し，$x=9$ のとき $y=-3$

(2) y は x に反比例し，$x=-5$ のとき $y=-7$

9 右の図の円柱について，次の問いに答えなさい。
ただし，円周率は π とする。 (5点×2)

(1) 体積を求めなさい。

(2) 表面積を求めなさい。

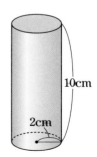

10cm

2cm

総復習テスト②

目標時間: **20** 分　合格点: **80** 点 / 100 点

月　　日　　点

1 次の計算をしなさい。 (3点×6)

(1) $3-7+9-6$

(2) $-6+(-4)+8-(-5)$

(3) $-\dfrac{5}{8}+\dfrac{2}{3}+\left(-\dfrac{1}{6}\right)$

(4) $(-2^3)\times6\div(-4)^2$

(5) $13-(7-19)\div(-2)$

(6) $\dfrac{1}{6}\times(-24)-6\div\left(-\dfrac{3}{5}\right)$

2 次の式の値を求めなさい。 (4点×2)

(1) $x=-5$ のとき, $3(2x+7)$ の値

(2) $x=\dfrac{1}{3}$ のとき, $-18x^2+6$ の値

3 次の計算をしなさい。 (3点×6)

(1) $5a-2-8a+9$

(2) $(6x+9)-(2x-4)$

(3) $-15\left(\dfrac{b}{3}-\dfrac{2}{5}\right)$

(4) $12\times\dfrac{-2y+3}{3}$

(5) $5(a-3)+2(6-2a)$

(6) $-4(4x-2)+2(8x-5)$

4 次の方程式を解きなさい。(5), (6)は, x の値を求めなさい。 (4点×6)

(1) $x-5=7-2x$

(2) $6(2x-1)=5x-6$

(3) $\dfrac{3}{4}(x+2)=\dfrac{1}{6}(2x-1)$

(4) $\dfrac{2}{3}x-1=\dfrac{3x-2}{5}$

(5) $4:x=14:21$

(6) $(x+5):12=x:8$

5 次の表で, ①は y は x に比例していて, ②は y は x に反比例している。下の問いに答えなさい。 ((1)4点×2, (2)2点×4)

①

x	⑦		4	6
y		1	-2	④

②

x	⑦		2	6
y		-18	9	⑤

(1) それぞれ, y を x の式で表しなさい。

(2) 表の⑦～⑤にあてはまる数を求めなさい。

6 次の問いに答えなさい。ただし, 円周率は π とする。 (4点×4)

(1) 右の図の円錐の体積と表面積を求めなさい。

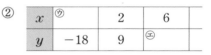

(2) 直径が 4 cm の球の体積と表面積を求めなさい。

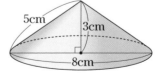

No. 01　正負の数

❶ A…−4　B…−0.5　C…+2　D…+5.5

❷ (1) −3, −2, −1　(2) $-\dfrac{2}{3}$, $+\dfrac{2}{3}$

　(3) −3, −2, +2, +3

❸ (1) $+1>−2$　　(2) $−10<−7$

　(3) $−2.5<−1.5<+0.5$

　(4) $-\dfrac{3}{5}<-\dfrac{2}{5}<-\dfrac{1}{5}$

❹ $-\dfrac{3}{2}$, −0.1, −0.01, 0, $+\dfrac{1}{5}$, +0.5, +1

(解説)

❷(3)　絶対値が1.8より大きく，3.1より小さい整数は，絶対値が2，3になる数である。

❹まず，負の数，正の数に分けてから，それぞれの中で大小を考えるとよい。

No. 02　加法

❶ (1) +15　(2) −12　(3) −18　(4) +30

　(5) −34　(6) −42

❷ (1) +7　(2) −8　(3) −9　(4) +7

　(5) −13　(6) +16　(7) 0　　(8) −10

❸ (1) +5　(2) −4

(解説)

❶同符号の2数の和 ➡ 絶対値の和に共通の符号をつける。

　(2) $(−5)+(−7)=−(5+7)=−12$

❷異符号の2数の和 ➡ 絶対値の差に絶対値の大きいほうの符号をつける。

　(3) $(+5)+(−14)=−(14−5)=−9$

　(7) 絶対値の等しい異符号の2数の和は，0になる。

　(8) ある数と0との和は，その数と等しくなる。

❸正の数の和，負の数の和をそれぞれに求める。

　(2) $(+16)+(−3)+(+2)+(−19)$
　$=\{(+16)+(+2)\}+\{(−3)+(−19)\}$
　$=(+18)+(−22)=−4$

No. 03　減法

❶ (1) +8　(2) +7　(3) −5　(4) −7

　(5) −5　(6) −22　(7) +29　(8) +18

　(9) 0　　(10) −19

❷ (1) +15　(2) −14　(3) +18　(4) +20

　(5) −24　(6) +28　(7) −50　(8) −42

(解説)

減法は，ひく数の符号を変えて加法にする。

❶(1) $(+12)−(+4)=(+12)+(−4)=+8$

　(2) $(−7)−(−14)=(−7)+(+14)=+7$

　(10) 0からある数をひくと，差はその数の符号を変えた数になる。

❷(1) $(+8)−(−7)=(+8)+(+7)=+15$

　(2) $(−5)−(+9)=(−5)+(−9)=−14$

No. 04　小数・分数の加減

❶ (1) +2.5　(2) −6.8　(3) −2.3

　(4) $-\dfrac{2}{7}$　(5) $-\dfrac{1}{8}$　(6) $+\dfrac{3}{20}$

❷ (1) +0.4　(2) −2　(3) +2.9

　(4) −0.5　(5) −1.4　(6) $+\dfrac{1}{3}$

　(7) $+\dfrac{1}{2}$　(8) $-\dfrac{1}{2}$　(9) $-\dfrac{4}{3}$

　(10) $+\dfrac{1}{6}$

(解説)

小数や分数の加減も，整数のときと同じように計算する。

❶(3) $(+6.7)+(−9)=−(9−6.7)=−2.3$

　(5) $\left(+\dfrac{1}{4}\right)+\left(-\dfrac{3}{8}\right)=\left(+\dfrac{2}{8}\right)+\left(-\dfrac{3}{8}\right)$
　$=-\left(\dfrac{3}{8}-\dfrac{2}{8}\right)=-\dfrac{1}{8}$

❷(1) $(+1.2)−(+0.8)=(+1.2)+(−0.8)=+0.4$

　(7) $\left(+\dfrac{2}{9}\right)-\left(-\dfrac{5}{18}\right)=\left(+\dfrac{4}{18}\right)+\left(+\dfrac{5}{18}\right)$
　$=+\dfrac{9}{18}=+\dfrac{1}{2}$

No.05 加減の混じった計算(1)

❶ (1) $+9$　(2) -5　(3) $+8$　(4) -9

❷ (1) $2-3+5$　(2) $-7-6+4$

❸ (1) 5　(2) -3　(3) -7　(4) 4

　　(5) 2　(6) -8　(7) -21　(8) 3

解説

❶ (1) $(+10)-(+8)-(-7)=(+10)+(-8)+(+7)$
　　$=(+10)+(+7)+(-8)=(+17)+(-8)=+9$

❸ 正の項の和，負の項の和を先に求める。
　(1) $-7+10+2=10+2-7=12-7=5$
　(5) $9-12-14+19=9+19-12-14$
　　$=28-26=2$

No.06 加減の混じった計算(2)

❶ (1) 7　(2) -13　(3) 14　(4) -6

　　(5) 13　(6) -5　(7) -17　(8) 8

　　(9) -16　⑽ -12　⑾ 6　⑿ -9

❷ (1) 12　(2) -8

解説

❶ かっこのない式になおして計算する。
　(3) $13+(-7)-(-8)=13-7+8$
　　$=13+8-7=21-7=14$
　⑿ 計算の順序をくふうするとよい。
　　$26-(+29)-35-(-29)$
　　$=26-29-35+29=29-29+26-35$
　　$=0+26-35=-9$

❷ ( )や{ }の中を先に計算する。
　(2) $-11-\{-9+(-7)\}-13$
　　$=-11-(-16)-13=-11+16-13$
　　$=16-24=-8$

No.07 小数・分数の加減の混じった計算

❶ (1) 0.5　(2) -0.5　(3) $\dfrac{7}{9}$　(4) $-\dfrac{7}{12}$

❷ (1) -0.8　(2) 1.7　(3) -1.4　(4) 2

　　(5) $\dfrac{8}{11}$　(6) $-\dfrac{2}{3}$　(7) $\dfrac{7}{15}$　(8) $-\dfrac{9}{8}$

解説

❶ (1) $0.7-0.9+0.7=0.7+0.7-0.9$
　　$=1.4-0.9=0.5$

　(4) $\dfrac{2}{3}-\dfrac{3}{4}-\dfrac{1}{2}=\dfrac{8}{12}-\dfrac{9}{12}-\dfrac{6}{12}=\dfrac{8}{12}-\dfrac{15}{12}=-\dfrac{7}{12}$

❷ (1) $0.5+(-0.9)-0.4=0.5-0.9-0.4$
　　$=0.5-1.3=-0.8$

　(6) $-2+\dfrac{1}{2}-\left(-\dfrac{5}{6}\right)=-2+\dfrac{1}{2}+\dfrac{5}{6}$
　　$=-\dfrac{12}{6}+\dfrac{3}{6}+\dfrac{5}{6}=\dfrac{8}{6}-\dfrac{12}{6}=-\dfrac{4}{6}=-\dfrac{2}{3}$

No.08 まとめテスト①

❶ (1) $+1$　(2) -1.5　(3) $-\dfrac{1}{2}$　(4) -1.5

❷ (1) -5　(2) -14　(3) 8　(4) 0

　　(5) 4　(6) -7　(7) 0.6　(8) $-\dfrac{1}{3}$

　　(9) -5　⑽ 9　⑾ 15　⑿ -8

解説

❶ 小さい順に並べると，次のようになる。

$-1.5,\ -1,\ -\dfrac{1}{2},\ 0,\ +0.1,\ +0.5,\ +1$

❷ (8) $\dfrac{1}{4}+\left(-\dfrac{7}{12}\right)=\dfrac{3}{12}-\dfrac{7}{12}=-\dfrac{4}{12}=-\dfrac{1}{3}$

　⑾ $0-(-8)+(-9)+16=0+8-9+16$
　　$=24-9=15$

No.09 乗法(1)

❶ (1) 54　(2) 56　(3) -24　(4) -32

　　(5) 36　(6) -48　(7) 81　(8) -78

　　(9) -90　⑽ 116

❷ (1) -21　(2) -24　(3) -28　(4) -60

　　(5) -84　(6) -120　(7) 0　(8) 0

解説

　2数の積の符号は，次のようになる。

$\begin{matrix}(+)\times(+)\\(-)\times(-)\end{matrix}\Big\}{\to}(+)\quad\begin{matrix}(+)\times(-)\\(-)\times(+)\end{matrix}\Big\}{\to}(-)$

❶ (2) $(-7)\times(-8)=+(7\times8)=56$
　(3) $(+6)\times(-4)=-(6\times4)=-24$

❷ (7),(8) どんな数に0をかけても，0にどんな数をかけても，積は0になる。

No.10 乗法(2)

❶ (1) -3.8　(2) 1.6　(3) -9　(4) $\dfrac{1}{3}$

❷ (1) -48　(2) 120　(3) -64　(4) 70

ANSWERS

③ (1) 6.3 (2) -9

（解説）

❷ 3数以上の積の符号は，負の数が**偶数個なら
ば＋，奇数個ならば－**になる。

また，交換法則 $□×○=○×□$ や，結合法
則 $(□×○)×△=□×(○×△)$ を利用して計算
するとよい。

(1) $8×(-2)×3=-(8×\underline{2×3})$
$=-(8×\underline{6})=-48$

(6) $(-4)×(-5)×8×(-3)$
$=-(4×5×8×3)=-(\underline{4×5×3×8})$
$=-(\underline{60×8})=-480$

No. 11 累乗

❶ (1) 3^2 (2) $(-8)^3$ (3) -8^3 (4) $\left(-\dfrac{2}{7}\right)^4$

❷ (1) 49 (2) -27 (3) -81 (4) 81

(5) $\dfrac{1}{16}$ (6) $-\dfrac{8}{27}$

❸ (1) -36 (2) 1000 (3) 48 (4) -8

(5) -27 (6) 200

（解説）

❶ かけ合わせる数の右かたに，かけ合わせる数
の個数(指数)を書く。

(2) (-8) を3個かけ合わせている → $(-8)^3$

(3) 8 を3個かけ合わせた数に負の符号がつ
いている → -8^3

❷ (2) $(-3)^3=(-3)×(-3)×(-3)$
$=-(3×3×3)=-27$

(3) $-9^2=-(9×9)=-81$

❸ 累乗の部分を先に計算する。

(1) $(-4)×3^2=(-4)×9=-36$

(5) $(-1)^5×3^3=(-1)×27=-27$

No. 12 除法

❶ (1) 4 (2) -9 (3) -8 (4) 6

(5) -12 (6) -14 (7) $-\dfrac{5}{11}$ (8) $\dfrac{2}{3}$

(9) -1.2 (10) 0

---

❷ (1) $-\dfrac{5}{18}$ (2) -18 (3) $\dfrac{1}{2}$ (4) $-\dfrac{6}{7}$

(5) $-\dfrac{4}{3}$ (6) 4

（解説）

2数の商の符号は，次のようになる。

$\left.\begin{array}{c}(+)÷(+)\\(-)÷(-)\end{array}\right\}→(+)$ $\left.\begin{array}{c}(+)÷(-)\\(-)÷(+)\end{array}\right\}→(-)$

❶ (2) $(+72)÷(-8)=-(72÷8)=-9$

(4) $(-54)÷(-9)=+(54÷9)=6$

(7) $(-5)÷11=-(5÷11)=-\dfrac{5}{11}$

(10) 0 を正の数や負の数でわっても，**商は0に
なる。**

❷ **わる数の逆数をかけて**，乗法になおす。

(1) $\dfrac{5}{6}÷(-3)=\dfrac{5}{6}×\left(-\dfrac{1}{3}\right)=-\dfrac{5}{18}$

(3) $\left(-\dfrac{5}{12}\right)÷\left(-\dfrac{5}{6}\right)=\left(-\dfrac{5}{12}\right)×\left(-\dfrac{6}{5}\right)=\dfrac{1}{2}$

No. 13 乗除の混じった計算

❶ (1) -21 (2) 80 (3) -3 (4) $\dfrac{4}{3}$

(5) $\dfrac{5}{6}$ (6) $-\dfrac{3}{2}$

❷ (1) $-\dfrac{5}{8}$ (2) $\dfrac{7}{5}$ (3) $-\dfrac{1}{10}$ (4) $\dfrac{4}{5}$

(5) $-\dfrac{7}{6}$ (6) 3

❸ (1) -12 (2) -30

（解説）

除法は，わる数の逆数をかけて，**乗法だけの式**
になおして計算する。

❶ (1) $12×(-7)÷4=12×(-7)×\dfrac{1}{4}=-21$

(4) $12×(-3)÷(-27)=12×(-3)×\left(-\dfrac{1}{27}\right)=\dfrac{4}{3}$

❷ (5) $\left(-\dfrac{5}{12}\right)÷\left(-\dfrac{3}{7}\right)÷\left(-\dfrac{5}{6}\right)$
$=\left(-\dfrac{5}{12}\right)×\left(-\dfrac{7}{3}\right)×\left(-\dfrac{6}{5}\right)=-\dfrac{7}{6}$

❸ 累乗の部分を先に計算する。

(1) $(-4)^2×3÷(-2^2)=16×3÷(-4)=-12$

(2) $\dfrac{3}{10}÷\left(-\dfrac{3}{5}\right)^2×(-6^2)=\dfrac{3}{10}÷\dfrac{9}{25}×(-36)$
$=\dfrac{3}{10}×\dfrac{25}{9}×(-36)=-30$

ANSWERS

No. 14 四則の混じった計算(1)

❶ (1) -11　(2) 29　(3) 12　(4) -6
　 (5) -4　(6) 2　(7) 8　(8) -1
　 (9) -6　(10) 23
❷ (1) 8　(2) -9　(3) 19　(4) -3

解説
　①（　）の中・累乗，②乗法・除法，③加法・減法
の順に計算する。
❶ (1)　$7+3\times(-6)=7+(-18)=7-18=-11$
　 (7)　$8\times(-7)+(-8)^2=(-56)+64=8$
　 (10)　$18+4\times(-5^2)\div(-20)$
　　　　$=18+4\times(-25)\div(-20)$
　　　　$=18+(-100)\div(-20)=18+5=23$
❷ (2)　$17+\{4+5\times(-6)\}=17+\{4+(-30)\}$
　　　　$=17+(-26)=17-26=-9$
　 (4)　$5+\{-4^2-(6-14)\}$
　　　　$=5+\{-16-(-8)\}=5+(-16+8)$
　　　　$=5+(-8)=5-8=-3$

No. 15 四則の混じった計算(2)

❶ (1) -7　(2) 5　(3) 1.5　(4) -6
❷ (1) -5.8　(2) 5　(3) 6.8　(4) -2.6
　 (5) -1　(6) 7　(7) -9　(8) 5

解説
❶ $(□+○)\times△=□\times△+○\times△$
　 (1)　$\left(\dfrac{1}{5}-\dfrac{2}{3}\right)\times15=\dfrac{1}{5}\times15-\dfrac{2}{3}\times15$
　　　　$=3-10=-7$
　 (3)　分配法則を逆向きに使う。
　　　　$1.7\times(-1.5)+(-2.7)\times(-1.5)$
　　　　$=(1.7-2.7)\times(-1.5)=(-1)\times(-1.5)$
　　　　$=1.5$
❷ (4)　$-3.6\div(-2)^2-1.7=-3.6\div4-1.7$
　　　　$=-0.9-1.7=-2.6$
　 (7)　分配法則を利用するとよい。
　　　　$-12-(-14)\times\left(\dfrac{1}{2}-\dfrac{2}{7}\right)$
　　　　$=-12-\left\{(-14)\times\dfrac{1}{2}-(-14)\times\dfrac{2}{7}\right\}$
　　　　$=-12-\{-7-(-4)\}=-12-(-3)$
　　　　$=-12+3=-9$

No. 16 素数

❶ ⦿, ⦿
❷ (1) $2^3\times3$　(2) 2×3^3
　 (3) $2\times3^2\times7^2$　(4) $2^3\times3^3\times5$
❸ (1) 6　(2) 35
❹ (1) 12　(2) 18

解説
❶ 1とその数のほかに約数がない自然数が**素数**
である。1は素数ではないことに注意する。
❸ (1)　素因数分解すると，$216=2^3\times3^3$
　　　　だから，$2\times3=6$ をかけると，
　　　　$2^4\times3^4=(2^2\times3^2)^2=36^2$

No. 17 まとめテスト②

❶ (1) $(-3)\times(-5)=15$　(2) $(-5)\div1=-5$
❷ (1) 35　(2) -7　(3) -8　(4) 360
　 (5) -6　(6) $\dfrac{1}{4}$　(7) -28　(8) 4
❸ (1) $2^2\times3^2$　(2) $3\times5^2\times7$

解説
❶ (1)　同符号で，絶対値の積が最大になる2数
　　　 を選ぶ。
　 (2)　異符号で，絶対値の商が最大になる2数
　　　 を選ぶ。
❷ (8)　分配法則を利用するとよい。
　　　　$\left(\dfrac{2}{3}-4\right)\div\dfrac{2}{3}-(-9)=\left(\dfrac{2}{3}-4\right)\times\dfrac{3}{2}+9$
　　　　$=\left(\dfrac{2}{3}\times\dfrac{3}{2}-4\times\dfrac{3}{2}\right)+9=(1-6)+9$
　　　　$=-5+9=4$

No. 18 文字式の表し方

❶ (1) ab　(2) $\dfrac{3}{5b}$　(3) $\dfrac{6x}{y}$
　 (4) $0.1(m-n)$　(5) $-\dfrac{ab}{7}$　(6) $-\dfrac{1}{2}xy$
　 (7) $\dfrac{4x^2}{y}$　(8) $\dfrac{a(b-2)}{8}$
❷ (1) $6-3a$　(2) $-x+\dfrac{2}{y}$　(3) $10-\dfrac{a-b}{6}$
　 (4) $7+\dfrac{x}{6y}$　(5) $0.1a+\dfrac{1}{b}$　(6) $x+3x^3$
❸ (1) $x\times y\div3$　(2) $2\times(a-1)\div b$

ANSWERS

(3) $a \times b - 3 \times c$　　(4) $x \div 4 - 3 \times y \times y$

解説

❶(1)　数字の **1 をはぶき**，文字はふつう**アルファベット順**に書く。

　(2)　文字式での商は，記号÷は使わずに，**分数の形**で書く。

　(7)　同じ文字の積は，**累乗の指数**を使って表す。

❷ ＋，－の記号ははぶけない。

　(4)　$7 + x \div 6 \div y = 7 + \dfrac{x}{6} \div y = 7 + \dfrac{x}{6y}$

No. 19　数量の表し方

❶(1) $3a$ 円　　　　　(2) $\dfrac{x}{50}$ 分

　(3) $(1000 - 30a)$ 円　(4) $4(a+b)$ 人

　(5) $x^3 \ \mathrm{cm}^3$　　　(6) $10a + 5$

　(7) $\dfrac{7}{100}x \ \mathrm{m}^2$　　　(8) $\dfrac{7}{10}a$ 円

❷(1) 正方形の面積，単位 … cm^2

　(2) （時速 4 km の速さで x 時間歩いたときの）残りの道のり　単位 … km

解説

❶ ことばの式や公式に，文字や数をあてはめ，文字式の表し方にしたがって表す。

　(7)　1 % → $\dfrac{1}{100}$ (0.01) の関係を使う。

　(8)　1 割 → $\dfrac{1}{10}$ (0.1) の関係を使う。

　　$a \times \left(1 - \dfrac{3}{10}\right) = \dfrac{7}{10}a$（円）

　（**参考**）(7)は $0.07x \ \mathrm{m}^2$，(8)は $0.7a$ 円でも正解。

❷(1)　$\dfrac{a}{4}$ は，正方形の 1 辺の長さを表す。

No. 20　式の値(1)

❶(1) 27　　(2) 2　　(3) -8　　(4) $-\dfrac{1}{3}$

　(5) 20　　(6) -6　　(7) -4　　(8) 3

❷(1) 10　　(2) $\dfrac{3}{5}$

❸(1) -14　(2) 1

解説

❶ 分数の式には，そのまま代入する。また，**負の数は，ふつう（　）をつけて**代入する。

(2)　$-2x + 8 = -2 \times x + 8$
　　$= -2 \times 3 + 8 = -6 + 8 = 2$

(4)　$-\dfrac{x}{9} = -\dfrac{3}{9} = -\dfrac{1}{3}$

(6)　$-10 - y = -10 - (-4) = -10 + 4 = -6$

(8)　$-\dfrac{12}{y} = -\dfrac{12}{-4} = 3$

❸(2)　$\dfrac{1}{4} - 3x = \dfrac{1}{4} - 3 \times x = \dfrac{1}{4} - 3 \times \left(-\dfrac{1}{4}\right)$
　　$= \dfrac{1}{4} + \dfrac{3}{4} = \dfrac{4}{4} = 1$

No. 21　式の値(2)

❶(1) 8　　(2) -12　　(3) 4　　(4) -5

　(5) -125　(6) 75　　(7) -25　　(8) -30

❷(1) $-\dfrac{5}{2}$　(2) 5　　(3) -15　(4) 5

解説

❶(2)　$-3x^2 = -3 \times 2^2 = -3 \times 4 = -12$

　(3)　$(-x)^2 = (-2)^2 = 4$

　(5)　$y^3 = (-5)^3 = -125$

　(7)　$-y^2 = -(-5)^2 = -25$

❷(2)　$14 - 16x^2 = 14 - 16 \times \left(-\dfrac{3}{4}\right)^2$
　　$= 14 - 16 \times \dfrac{9}{16} = 14 - 9 = 5$

　(3)　$2x - x^2 = 2 \times (-3) - (-3)^2$
　　$= -6 - 9 = -15$

　(4)　$\dfrac{x^2}{2} - \dfrac{3}{4}x = \dfrac{4^2}{2} - \dfrac{3}{4} \times 4 = 8 - 3 = 5$

No. 22　式を簡単にする

❶(1) $13a$　(2) $-5x$　(3) $-14y$　(4) $-12x$

　(5) $2a$　　(6) $-\dfrac{5}{7}x$

❷(1) $6x - 5$　　(2) $-a + 4$　(3) $9x + 2$

　(4) $-6y - 4$　(5) $3x - 3$　(6) $-4a - 9$

　(7) $-11y + 7$ (8) $6x - 2$　(9) $-1.7a + 0.6$

　(10) $-x + \dfrac{2}{7}$

解説

❶ $mx + nx = (m+n)x$ を利用して，式を簡単にする。

　(2)　$3x - 8x = (3 - 8)x = -5x$

(6) $\frac{2}{7}x-x=\left(\frac{2}{7}-1\right)x=-\frac{5}{7}x$

❷ まず，項の順序を変え，文字の項どうし，数の項どうしを集める。

(3) $6x+6+3x-4=6x+3x+6-4$
$=(6+3)x+6-4=9x+2$

23 1次式の加法

❶ (1) $5x-3$　(2) $-8a+7$　(3) $-4a+8$
(4) $9x-2$　(5) $-3x-4$　(6) -9

❷ (1) $6x+5$　(2) $8x-2$　(3) $9a-14$
(4) $6a+3$　(5) $2x-7$　(6) $-5a+3$
(7) $2x+1$　(8) $-9a-6$　(9) $5a$
(10) $-4x+10$

解説
　$+(\ \ )$は，そのままかっこをはずし，文字の項どうし，数の項どうしをまとめる。
❶(4) $3x+6+(6x-8)=3x+6+6x-8$
$=3x+6x+6-8=9x-2$
(6) $6a-2+(-7-6a)=6a-2-7-6a$
$=\underline{6a-6a}-2-7=\underline{0}-9=-9$
❷(1) $(x-2)+(5x+7)=x-2+5x+7$
$=x+5x-2+7=6x+5$
(9) $(8a-5)+(5-3a)=8a-5+5-3a$
$=8a-3a-5+5=5a$

24 1次式の減法

❶ (1) $3a-9$　(2) $x-5$　(3) $-3a+2$
(4) $4a+3$　(5) $-8x+7$　(6) $3x-4$

❷ (1) $2x+4$　(2) $-5a+11$　(3) $-6x-5$
(4) $5a+6$　(5) $-a+3$　(6) $2x$
(7) $5x-10$　(8) -8　(9) $-8x+6$
(10) $-a-10$

解説
　$-(\ \ )$は，かっこの中の**各項の符号を変えて**，かっこをはずす。
❶(1) $5a-(2a+9)=5a-2a-9=3a-9$
(3) $6a-(9a-2)=6a-9a+2=-3a+2$
❷(4) $(a+8)-(-4a+2)=a+8+4a-2$
$=a+4a+8-2=5a+6$

25 1次式の加減

❶ (1) $2a-0.5$　(2) $1.6x+1.3$　(3) $-0.5x+0.4$
(4) $\frac{3}{5}a-\frac{4}{7}$　(5) $-\frac{1}{3}a-\frac{11}{12}$　(6) $-\frac{3}{14}x+\frac{3}{10}$

❷ (1) たす…$8a+2$,　　ひく…$2a+6$
(2) たす…$8x-4$,　　ひく…$-4x-10$
(3) たす…$6x-9$,　　ひく…$-8x-3$
(4) たす…$-7a+5$,　ひく…$a-9$

❸ (1) $5x-3$　(2) $-3x+11$

解説
❶(3) $(0.7x-1.3)-(1.2x-1.7)$
$=0.7x-1.3-1.2x+1.7$
$=0.7x-1.2x-1.3+1.7=-0.5x+0.4$
❷ それぞれの式に$(\ \ )$をつけて$+$や$-$でつなぎ，$(\ \ )$をはずして計算する。
❸(2) ひくほうの式の**各項の符号を変えて**加える。

$$\begin{array}{r}x+9\\\underline{-)\ 4x-2}\end{array}\quad\Rightarrow\quad\begin{array}{r}x+\ 9\\\underline{+)\ -4x+\ 2}\\-3x+11\end{array}$$

26 1次式と数の乗法

❶ (1) $18a$　(2) $-28x$　(3) $-5y$
(4) $36n$　(5) $-4a$　(6) $-10x$

❷ (1) $8a+12$　(2) $-15x-10$　(3) $-6y+7$
(4) $-4a+24$　(5) $-32x-56$　(6) $-18a+24$
(7) $18n+45$　(8) $20a-7$　(9) $-2a+4$
(10) $-8x+9$

解説
❶ 項が1つの文字式と数との乗法は，**数どうしの積**を求め，それに文字をかける。
(2) $7x\times(-4)=7\times(-4)\times x=-28x$
❷ **分配法則**を使って，かっこをはずす。
(2) $(3x+2)\times(-5)=3x\times(-5)+2\times(-5)$
$=-15x-10$
(9) $\frac{1}{3}(-6a+12)=\frac{1}{3}\times(-6a)+\frac{1}{3}\times12$
$=-2a+4$

27 1次式と数の除法

❶ (1) $7a$　　(2) $-4x$　(3) $-6y$　(4) $-x$

(5) $\dfrac{2}{3}b$　(6) $-8a$

❷ (1) $2a-5$　(2) $-3x+5$　(3) $-9b+2$

　(4) $-y-4$　(5) $-5a+1$　(6) $6x-3$

　(7) $-2b-4$　(8) $-3x-4$　(9) $5a-20$

　(10) $-9y+6$

（解説）

❶ 分数の形にして，**数どうしで約分**する。

　(2) $-36x\div 9=-\dfrac{36x}{9}=-4x$

　(6) わる数の逆数をかける乗法になおす。

　$6a\div\left(-\dfrac{3}{4}\right)=6a\times\left(-\dfrac{4}{3}\right)=-8a$

❷ わる数の逆数をかけて，除法を**乗法になおし，**分配法則を利用する。

　(2) $(9x-15)\div(-3)=(9x-15)\times\left(-\dfrac{1}{3}\right)$

　$=9x\times\left(-\dfrac{1}{3}\right)-15\times\left(-\dfrac{1}{3}\right)=-3x+5$

　(9) $(a-4)\div\dfrac{1}{5}=(a-4)\times5=5a-20$

　(10) $(6y-4)\div\left(-\dfrac{2}{3}\right)=(6y-4)\times\left(-\dfrac{3}{2}\right)$

　$=6y\times\left(-\dfrac{3}{2}\right)-4\times\left(-\dfrac{3}{2}\right)=-9y+6$

No. 28　1次式と数の乗除

❶ (1) $27x-54$　(2) $5y-35$　(3) $-56a+14$

　(4) $-4b-18$　(5) $-3x+5$　(6) $a-6$

　(7) $2y-7$　(8) $3b-12$　(9) $-9x-27$

　(10) $-5a+15$

❷ (1) $3x+6$　　　(2) $14y-20$

　(3) $-12x+20$　　(4) $18a-42$

（解説）

❷ (1) $\dfrac{x+2}{3}\times9=\dfrac{(x+2)\times\overset{3}{\cancel{9}}}{\underset{1}{\cancel{3}}}=(x+2)\times3$

　$=3x+6$

　(3) $-12\times\dfrac{3x-5}{3}=\dfrac{-\overset{4}{\cancel{12}}(3x-5)}{\underset{1}{\cancel{3}}}$

　$=-4(3x-5)=-12x+20$

No. 29　いろいろな計算

❶ (1) $7x-9$　　(2) $8a+2$　　(3) $-2y-6$

---

　(4) $-3x+11$　(5) $-2a+1$　(6) $7b-16$

　(7) $-x+32$　(8) -4

❷ (1) $7x-6$　　　(2) $-2a+8$

❸ (1) $2x-11$　　　(2) $-14x+5$

（解説）

❶ 分配法則を使って（　）をはずし，まとめる。

　(7) $3(3x+4)-5(2x-4)$

　$=9x+12-10x+20=-x+32$

❷ (2) $\dfrac{2}{3}(6a-15)-\dfrac{6}{7}(7a-21)$

　$=4a-10-6a+18=-2a+8$

❸ 式に（　）をつけて，文字に代入する。

　(1) $A+3B=(-4x-2)+3(2x-3)$

　$=-4x-2+6x-9=2x-11$

　(2) $2A-3B=2(-4x-2)-3(2x-3)$

　$=-8x-4-6x+9=-14x+5$

No. 30　等しい関係を表す式

❶ (1) $5a-8=3(a+2)$　(2) $7m=n$

　(3) $5a+400=b$　　(4) $\dfrac{x}{8}=y$

　(5) $20-6x=y$　　(6) $a=4x-7$

　(7) $\dfrac{6}{5}x=y$

❷ (1) $S=\dfrac{1}{2}ah$　(2) $S=\dfrac{1}{2}ab$　(3) $V=x^3$

（解説）

❶ ことばの式をつくり，それに文字や数をあてはめる。

　(5) 全体の道のり－走った道のり＝残りの道のり

　　　$\downarrow$　　　　　$\downarrow$　　　　　$\downarrow$

　　　20　　$-$　　$6\times x$　　$=$　　y

　(6) 数量の関係を図に表すと，下のようになる。

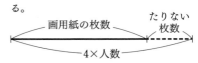

画用紙の枚数　　　たりない枚数
$4\times$人数

　(7) もとになる人数は，昨年の参加者数だから，今年の参加者数は，

　$x\times\left(1+\dfrac{20}{100}\right)=x\times\left(1+\dfrac{1}{5}\right)=\dfrac{6}{5}x$(人)

❷ (1) 三角形の面積＝底辺×高さ÷2

　(2) ひし形の面積＝対角線×対角線÷2

(3) 立方体の体積＝1辺×1辺×1辺

No.31 大小関係を表す式

❶ (1) $3x+8>4x-7$　　(2) $m-6\leqq n$

　(3) $2a+3b\geqq 20$　　(4) $\dfrac{x}{40}<y$

　(5) $5a+3b\leqq 1000$　(6) $x>30y$

　(7) $300-20x\leqq y$　(8) $500-50a<b$

❷ (1) 長方形の面積は24cm²より小さい。

　(2) 長方形の周の長さは18cm 以上である。

解説

❶(5)　鉛筆の代金とノートの代金の合計は，
　　　1000円以下である。

　(6)　本全体のページ数＞読んだページ数

　(7)　単位を cm にそろえて，不等式に表す。

　　　はじめの長さ－切り取った長さ≦$y$cm
　　　　↓　　　　　　　↓　　　　　↓
　　　300　　－　　20×x　　≦　y

別解　単位を m にそろえると，

　　$3-\dfrac{20}{100}\times x\leqq\dfrac{y}{100}\rightarrow 3-\dfrac{x}{5}\leqq\dfrac{y}{100}$

　(8)　$500\times\left(1-\dfrac{a}{10}\right)<b\rightarrow 500-50a<b$

❷(1)　ab は，縦×横より，長方形の面積を表している。

　(2)　$2(a+b)$は，2×(縦＋横)より，長方形の周の長さを表している。

No.32 まとめテスト③

❶ (1) 3　　(2) -2　　(3) -3　　(4) 2

❷ (1) $-3x+7$　　　(2) $\dfrac{2}{3}a-2$

　(3) $8x-7$　　　　(4) $-6a-11$

❸ (1) $-24x$　(2) $-10a$　(3) $-35x+21$

　(4) $-5a+3$　(5) $8b-2$　(6) $17a+6$

❹ (1) $3a=5b$　　(2) $\dfrac{x+y}{2}\geqq 75$

解説

❶(4)　式を簡単にしてから代入するとよい。

　　$2x+3-5(x+2)=2x+3-5x-10$
　　$=-3x-7$
　　式の値は，$-3\times(-3)-7=9-7=2$

❸(6)

$4(2a-3)-9(-a-2)$
　$=8a-12+9a+18=17a+6$

No.33 方程式とその解

❶ (1) 3　　(2) -1　　(3) 3　　(4) 4

❷ (1) ⑦　　　　　　(2) ④, ㊤

解説

❶(3)　$x=3$ のとき，$\begin{cases}左辺=4\times 3+5=17\\右辺=6\times 3-1=17\end{cases}$

　　左辺＝右辺 が成り立つから，解は 3

❷(2)　⑦…$\begin{cases}左辺=8\times(-3)-7=-31\\右辺=17\end{cases}$

　　④…$\begin{cases}左辺=2\times(-3)=-6\\右辺=9\times(-3)+21=-6\end{cases}$

　　⑦…$\begin{cases}左辺=4\times(-3)-5=-17\\右辺=6\times(-3)+3=-15\end{cases}$

　　㊤…$\begin{cases}左辺=3\times(-3)+5=-4\\右辺=-7-(-3)=-4\end{cases}$

　　左辺＝右辺 が成り立つのは，④, ㊤

No.34 等式の性質と方程式

❶ (1) 3, 3, 3, 8　　　(2) 4, 4, 4, 5

❷ (1) $x=-11$　(2) $x=-7$　(3) $x=7$

　(4) $x=-27$　(5) $x=8$　(6) $x=-4$

　(7) $x=-0.3$　(8) $x=-3$　(9) $x=1$

　(10) $x=10$

解説

❷ 等式の性質を利用して解く。

　(1)　両辺から8をひく。

　(2)　両辺を-6でわる。

　(3)　両辺に9を加える。

　(10)　両辺に$-\dfrac{5}{2}$をかける。

No.35 方程式の解き方(1)

❶ (1) $x=4$　　(2) $x=-2$　　(3) $x=-7$

　(4) $x=3$　　(5) $x=4$　　(6) $x=-2$

❷ (1) $x=6$　　(2) $x=-4$　　(3) $x=5$

　(4) $x=-4$　　(5) $x=2$　　(6) $x=-3$

(7) $x=5$　　(8) $x=-\dfrac{2}{3}$

解説

❶ まず，**数の項を右辺に移項する**。
(1)　$2x+4=12$，$2x=12-4$，$2x=8$，
　　$x=4$
❷ まず，**x をふくむ項を左辺に移項する**。
(2)　$2x=6x+16$，$2x-6x=16$，
　　$-4x=16$，$x=-4$

No.36 方程式の解き方(2)

❶ (1) $x=8$　　(2) $x=-6$　　(3) $x=-4$
　(4) $x=3$　　(5) $x=-5$　　(6) $x=4$
❷ (1) $x=-5$　　(2) $x=-2$　　(3) $x=1$
　(4) $x=5$　　(5) $x=-2$　　(6) $x=-3$
　(7) $x=-\dfrac{1}{2}$　　(8) $x=0$

解説

x をふくむ項は左辺に，**数の項は右辺に移項し**，整理する。
❶ (1)　$2x-40=-3x$，$2x+3x=40$，
　　$5x=40$，$x=8$
❷ (1)　$7x+6=4x-9$，$7x-4x=-9-6$，
　　$3x=-15$，$x=-5$
(8)　$4x+9=9-2x$，$4x+2x=9-9$，
　　$6x=0$，$x=0$

No.37 方程式の解き方(3)

❶ (1) $x=-5$　　(2) $x=16$　　(3) $x=-1$
　(4) $x=3$　　(5) $x=7$　　(6) $x=-4$
❷ (1) $x=-3$　　(2) $x=2$　　(3) $x=6$
　(4) $x=-5$　　(5) $x=-2$　　(6) $x=6$
　(7) $x=\dfrac{3}{4}$　　(8) $x=-8$

解説

❷ (3)　$12-6x=-4x$，$-6x+4x=-12$，
　　$-2x=-12$，$x=6$
(参考)　x の係数が正の数になるように，x をふくむ項を右辺に移項してもよい。
　　$12-6x=-4x$，$12=-4x+6x$，

$12=2x$，$2x=12$，$x=6$

No.38 かっこをふくむ方程式

❶ (1) $x=6$　　(2) $x=4$　　(3) $x=-3$
　(4) $x=2$　　(5) $x=-2$　　(6) $x=-1$
　(7) $x=3$　　(8) $x=6$
❷ (1) $x=7$　　(2) $x=1$　　(3) $x=-2$
　(4) $x=3$　　(5) $x=-2$　　(6) $x=-4$

解説

まず，（　）をはずして，移項・整理する。
❶ (2)　$-4(2x-9)=x$，$-8x+36=x$，
　　$-8x-x=-36$，$-9x=-36$，$x=4$
(8)　$9-6(2x-3)=3-8x$，
　　$9-12x+18=3-8x$，
　　$-12x+8x=3-9-18$，$-4x=-24$，
　　$x=6$
❷ (1)　$3(2x-8)=2(x+2)$，$6x-24=2x+4$，
　　$6x-2x=4+24$，$4x=28$，$x=7$
(5)　$4x-7(x-2)=2(4-3x)$，
　　$4x-7x+14=8-6x$，
　　$4x-7x+6x=8-14$，$3x=-6$，
　　$x=-2$

No.39 係数が小数や分数の方程式

❶ (1) $x=-5$　　(2) $x=9$
　(3) $x=4$　　(4) $x=-9$
❷ (1) $x=-6$　　(2) $x=3$
　(3) $x=-5$　　(4) $x=8$
❸ (1) $a=6$　　(2) $a=-6$

解説

❶ x の係数を整数にするために，**両辺に10や100をかける**。
(2)　$0.5x+3=x-1.5$，
　　$(0.5x+3)\times10=(x-1.5)\times10$，
　　$5x+30=10x-15$，$-5x=-45$，$x=9$
(3)　$0.06x-0.5=-0.18-0.02x$，
　　$(0.06x-0.5)\times100=(-0.18-0.02x)\times100$，
　　$6x-50=-18-2x$，$8x=32$，$x=4$
❷ 両辺に分母の最小公倍数をかけて，**分母をはらって解く**。

ANSWERS

09

(2) $\dfrac{4}{5}x-1=\dfrac{1}{3}x+\dfrac{2}{5}$,

$\left(\dfrac{4}{5}x-1\right)\times15=\left(\dfrac{1}{3}x+\dfrac{2}{5}\right)\times15$,

$\dfrac{4}{5}x\times15-1\times15=\dfrac{1}{3}x\times15+\dfrac{2}{5}\times15$,

$12x-15=5x+6$, $7x=21$, $x=3$

(3) $\dfrac{7x+1}{4}=\dfrac{5x+8}{2}$, $\dfrac{7x+1}{4}\times4=\dfrac{5x+8}{2}\times4$,

$7x+1=2(5x+8)$,

$7x+1=10x+16$, $-3x=15$, $x=-5$

❸ 方程式に解を代入し, a についての方程式を解く。

(2) $2\times(-6)+a=4a-(-6)$,

$-12+a=4a+6$, $-3a=18$, $a=-6$

No.40 比例式

❶ (1) $x=9$ 　(2) $x=15$ 　(3) $x=35$

　(4) $x=8$ 　(5) $x=24$ 　(6) $x=28$

　(7) $x=12$ 　(8) $x=20$

❷ (1) $x=7$ 　　(2) $x=13$

　(3) $x=6$ 　　(4) $x=21$

（解説）

❶(1) $x:6=3:2$　　　　$x\times2=6\times3$

　　　比例式の性質から, $2x=18$, $x=9$

(7) $x:18=\dfrac{1}{6}:\dfrac{1}{4}$, $\dfrac{1}{4}x=18\times\dfrac{1}{6}$,

$\dfrac{1}{4}x=3$, $x=12$

(8) $\dfrac{2}{3}:\dfrac{4}{5}=x:24$, $\dfrac{2}{3}\times24=\dfrac{4}{5}x$,

$\dfrac{4}{5}x=16$, $x=20$

❷ ( )の部分をひとまとまりとみて, 比例式の性質を利用する。

(1) $(x+5):3=4:1$, $(x+5)\times1=3\times4$,

$x+5=12$, $x=7$

(3) $4:x=10:(x+9)$, $4\times(x+9)=10x$,

両辺を2でわると, $2(x+9)=5x$,

$2x+18=5x$, $-3x=-18$, $x=6$

(4) $45:(2x-7)=27:x$,

$45x=(2x-7)\times27$,

両辺を9でわると, $5x=3(2x-7)$,

$5x=6x-21$, $-x=-21$, $x=21$

No.41 いろいろな方程式

❶ (1) $x=8$ 　(2) $x=-1$ 　(3) $x=-9$

　(4) $x=5$ 　(5) $x=-7$ 　(6) $x=15$

　(7) $x=-8$ 　(8) $x=-4$

❷ (1) $x=42$ 　　　(2) $x=20$

　(3) $x=9$ 　　　(4) $x=14$

（解説）

❶(2) $4(x+11)=-5(x-7)$,

$4x+44=-5x+35$, $9x=-9$, $x=-1$

(4) $0.2x-1=0.08x-0.4$,

$(0.2x-1)\times100=(0.08x-0.4)\times100$,

$20x-100=8x-40$, $12x=60$, $x=5$

(5) $0.3(x+2)-2=0.5x$,

$\{0.3(x+2)-2\}\times10=0.5x\times10$,

$3(x+2)-20=5x$, $3x+6-20=5x$,

$-2x=14$, $x=-7$

(8) $\dfrac{3x+4}{2}=\dfrac{7x-4}{8}$,

$\dfrac{3x+4}{2}\times8=\dfrac{7x-4}{8}\times8$,

$4(3x+4)=7x-4$, $12x+16=7x-4$,

$5x=-20$, $x=-4$

❷(3) $5:20=(x-3):24$,

$5\times24=20\times(x-3)$,

$\dfrac{5\times24}{20}=x-3$, $x-3=6$, $x=9$

No.42 まとめテスト④

❶ (1) $x=-3$ 　(2) $x=35$ 　(3) $x=-9$

　(4) $x=2$ 　(5) $x=-2$ 　(6) $x=0$

　(7) $x=8$ 　(8) $x=3$ 　(9) $x=-5$

　(10) $x=4$

❷ (1) $x=24$ 　　(2) $x=9$

❸ $a=15$

（解説）

❶(8) $2-3(2x+3)=5(1-2x)$,

$2-6x-9=5-10x$, $4x=12$, $x=3$

(10) $\dfrac{4x-1}{5}=\dfrac{x+2}{2}$,

$\dfrac{4x-1}{5}\times10=\dfrac{x+2}{2}\times10$,

$2(4x-1)=5(x+2)$,

$8x-2=5x+10$, $3x=12$, $x=4$

❷(2) $(x-3):15=4:10$, $10(x-3)=15\times4$,
$x-3=\dfrac{15\times4}{10}$, $x-3=6$, $x=9$

❸ 与えられた式に $x=-2$ を代入して,
$-6\times(-2)+5=a-(-2)$,
$12+5=a+2$, $a=15$

No.43 比例の式

❶ (1) $-3\leqq x\leqq6$　　(2) $x<8$
　 (3) $0<x\leqq5$　　(4) $x<0$

❷ ⑦, ⓔ

❸ (1) $y=-x$　　(2) $y=\dfrac{3}{4}x$
　 (3) $y=-9$　　(4) $y=12$

（解説）
❶ その数をふくむときは, $\leqq$ か $\geqq$ を, ふくまないときは, $<$ か $>$ を使う。
　(4) 負の数は 0 より小さく, 0 はふくまないので, $x<0$ と表せる。
❷ $y=ax$（a は比例定数）の形の式になっているものをさがす。
❸(1) $y=ax$ の式に, $x=-1$, $y=1$ を代入して, a の値を求める。
　　$1=a\times(-1)$, $a=-1$ ➡ $y=-x$
　(3) 比例の式をつくり, x の値を代入する。
　　$y=ax$ の式に, $x=-2$, $y=6$ を代入して,
　　$6=a\times(-2)$, $a=-3$ ➡ $y=-3x$
　　$x=3$ を代入して, $y=-3\times3=-9$

No.44 反比例の式

❶ ⑦, ⓔ

❷ (1) $y=\dfrac{9}{x}$　　(2) $y=-\dfrac{12}{x}$
　 (3) $y=-3$

❸ (1) $y=-\dfrac{36}{x}$
　 (2) ⑦…-3　　⑦…36
　　　⑦…4　　　ⓔ…-6

（解説）
❶ $y=\dfrac{a}{x}$（a は比例定数）の形の式になるものをさがす。
　 ⑦ $xy=-8$, $y=-\dfrac{8}{x}$
❷(1) $y=\dfrac{a}{x}$ の式に, $x=3$, $y=3$ を代入して, a の値を求める。
　　$3=\dfrac{a}{3}$, $a=9$ ➡ $y=\dfrac{9}{x}$
　(3) 反比例の式をつくり, $x=8$ を代入する。
　　$y=\dfrac{a}{x}$ の式に, $x=-4$, $y=6$ を代入して,
　　$6=\dfrac{a}{-4}$, $a=-24$ ➡ $y=-\dfrac{24}{x}$
　　$x=8$ を代入して, $y=-\dfrac{24}{8}=-3$
❸(1) $y=\dfrac{a}{x}$ の式に, $x=2$, $y=-18$ を代入して,
　　$-18=\dfrac{a}{2}$, $a=-36$ ➡ $y=-\dfrac{36}{x}$
　(2) (1)の式に一方の値を代入して求める。

No.45 比例と反比例

❶ (1) $y=3x$　　(2) $y=\dfrac{20}{x}$
　 (3) $y=1000-x$　(4) $y=\dfrac{100}{x}$
　 (5) $y=15x$
　 比例するもの……(1), (5)
　 反比例するもの…(2), (4)

❷ (1) ① $y=-4x$　② $y=-\dfrac{16}{x}$
　 (2) ⑦…4, ⑦…-16, ⑦…-32,
　　　ⓔ…16, ⑦…-4, ⑦…-2

（解説）
❶(5) 針金 $1\,\mathrm{m}$ の重さは, $90\div6=15(\mathrm{g})$
　（針金の重さ）＝（$1\,\mathrm{m}$ の重さ）×（長さ）
　より, $y=15x$
❷(1)① $y=ax$ とおいて,
　　$-8=a\times2$, $a=-4$ ➡ $y=-4x$
　② $y=\dfrac{a}{x}$ とおいて,
　　$-8=\dfrac{a}{2}$, $a=-16$ ➡ $y=-\dfrac{16}{x}$

No. 46 まとめテスト⑤

1 (1) $0 \leqq x \leqq 8$　　(2) $-3 < x < 7$

2 (1) $y = -\dfrac{5}{2}x$　　(2) $y = \dfrac{14}{x}$

3 (1) ①, $y = 4x$　　(2) ⑦, $y = \dfrac{6}{x}$

4 (1) ⑦, ①　　(2) ⑦

解説

3 比例するものは，商 $\dfrac{y}{x}$ が一定になっている①で，反比例するものは，積 xy が一定になっている⑦である。

4 (2) ⑦に $x = -5$ を代入すると，$y = -2$ だから，⑦のグラフは，点 $(-5, -2)$ を通る。

No. 47 円とおうぎ形の計量

1 周の長さ…20π cm，面積…100π cm^2

2 (1) 弧の長さ…2π cm，面積…8π cm^2

　　(2) 弧の長さ…10π cm，面積…45π cm^2

3 (1) $135°$　　(2) 54π cm^2

解説

1 半径を r とすると，

円の周の長さ $\ell = 2\pi r$，円の面積 $S = \pi r^2$

周の長さは，$2\pi \times 10 = 20\pi$ (cm)

面積は，$\pi \times 10^2 = 100\pi$ (cm^2)

2 半径を r，おうぎ形の中心角を $a°$ とすると，

おうぎ形の弧の長さ $\ell = 2\pi r \times \dfrac{a}{360}$

おうぎ形の面積 $S = \pi r^2 \times \dfrac{a}{360}$

(1) 弧の長さは，$2\pi \times 8 \times \dfrac{45}{360} = 2\pi$ (cm)

　　面積は，$\pi \times 8^2 \times \dfrac{45}{360} = 8\pi$ (cm^2)

(2) 弧の長さは，$2\pi \times 9 \times \dfrac{200}{360} = 10\pi$ (cm)

　　面積は，$\pi \times 9^2 \times \dfrac{200}{360} = 45\pi$ (cm^2)

別解 おうぎ形の面積 $S = \dfrac{1}{2}\ell r$ $\left(\begin{array}{l}\ell : 弧の長さ \\ r : 半径\end{array}\right)$

を利用して求めてもよい。

(1) 面積は，$\dfrac{1}{2} \times 2\pi \times 8 = 8\pi$ (cm^2)

3 (1) おうぎ形の弧の長さは**中心角に比例する**から，中心角は，$360° \times \dfrac{9\pi}{2\pi \times 12} = 135°$

別解 中心角を $x°$ とすると，

$2\pi \times 12 \times \dfrac{x}{360} = 9\pi$，$x = 135$

別解 中心角を $x°$ として比例式に表すと，

$9\pi : (2\pi \times 12) = x : 360$

これを解いて，$x = 135$

(2) $\pi \times 12^2 \times \dfrac{135}{360} = 54\pi$ (cm^2)

No. 48 立体の体積

1 (1) 210 cm^3　　(2) 63π cm^3

2 (1) 168 cm^3　　(2) 75π cm^3

3 (1) 294π cm^3　　(2) 64π cm^3

　　(3) 288π cm^3

解説

角柱・円柱の体積 $V = Sh$ $\left(\begin{array}{l}S : 底面積 \\ h : 高さ\end{array}\right)$

角錐・円錐の体積 $V = \dfrac{1}{3}Sh$

1 (1) 底面積は，

$\dfrac{1}{2} \times 10 \times 4 + \dfrac{1}{2} \times 10 \times 3 = 35$ (cm^2)

よって，体積は，$35 \times 6 = 210$ (cm^3)

(2) $\pi \times 3^2 \times 7 = 63\pi$ (cm^3)

2 (1) $\dfrac{1}{3} \times 6 \times 6 \times 14 = 168$ (cm^3)

(2) $\dfrac{1}{3} \times \pi \times 5^2 \times 9 = 75\pi$ (cm^3)

3 (1) $\pi \times 7^2 \times 6 = 294\pi$ (cm^3)

(2) $\dfrac{1}{3} \times \pi \times 4^2 \times 12 = 64\pi$ (cm^3)

(3) 半径 r の球の体積を V とすると，

$V = \dfrac{4}{3}\pi r^3$ より，$\dfrac{4}{3}\pi \times 6^3 = 288\pi$ (cm^3)

No. 49 立体の表面積

1 136 cm^2

2 110π cm^2

3 144 cm^2

4 (1) $120°$　　(2) 27π cm^2

5 36π cm^2

解説

角柱・円柱の表面積＝側面積＋底面積×2

角錐・円錐の表面積＝側面積＋底面積

1 $7 \times (5 + 5 + 6) + \dfrac{1}{2} \times 6 \times 4 \times 2 = 136$ (cm^2)

❷ $6×2π×5+π×5^2×2=110π(cm^2)$

❸ $\dfrac{1}{2}×6×9×4+6×6=144(cm^2)$

❹ (1) 側面のおうぎ形の弧の長さは，**底面の円周に等しいので**，$2π×3=6π(cm)$

また，半径 9 cm の円の周の長さは，$2π×9=18π(cm)$　おうぎ形の弧の長さは，**中心角に比例する**から，おうぎ形の中心角は，$360°×\dfrac{6π}{18π}=120°$

別解　側面のおうぎ形の中心角を $x°$ とすると，

$2π×9×\dfrac{x}{360}=6π$，$x=120$

(2) $π×9^2×\dfrac{120}{360}=27π(cm^2)$

別解　**おうぎ形の面積** $S=\dfrac{1}{2}ℓr$ $\left(\begin{array}{l}ℓ：弧の長さ\\r：半径\end{array}\right)$

より，$\dfrac{1}{2}×6π×9=27π(cm^2)$

❺ 半径 r の球の表面積を S とすると，$S=4πr^2$ より，$4π×3^2=36π(cm^2)$

No. 50　立体の体積と表面積

❶ **体積…300 cm^3，表面積…360 cm^2**

❷ **体積…144π cm^3，表面積…104π cm^2**

❸ **168 cm^3**

解説

❶ 体積は，$\dfrac{1}{2}×5×12×10=300(cm^3)$

表面積は，

$10×(13+5+12)+\dfrac{1}{2}×5×12×2=360(cm^2)$

❷ 体積は，$π×4^2×9=144π(cm^3)$

表面積は，

$9×2π×4+π×4^2×2=104π(cm^2)$

❸ 底面積は，$3×5+\dfrac{1}{2}×3×4=21(cm^2)$

よって，体積は，$21×8=168(cm^3)$

No. 51　回転体の体積と表面積

❶ **体積…175π cm^3，表面積…120π cm^2**

❷ **体積…128π cm^3，表面積…144π cm^2**

❸ **体積…48π cm^3，表面積…48π cm^2**

解説

❶ 底面の半径が 5 cm，高さが 7 cm の円柱ができる。

体積は，$π×5^2×7=175π(cm^3)$

表面積は，$7×2π×5+π×5^2×2=120π(cm^2)$

❷ 底面の半径が 8 cm，高さが 6 cm の円錐ができる。

体積は，$\dfrac{1}{3}×π×8^2×6=128π(cm^3)$

側面のおうぎ形の中心角は，

$360°×\dfrac{2π×8}{2π×10}=288°$

表面積は，

$π×10^2×\dfrac{288}{360}+π×8^2=144π(cm^2)$

❸ 右の図のような立体ができる。

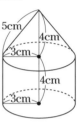

体積は，

$\dfrac{1}{3}×π×3^2×4+π×3^2×4$

$=48π(cm^3)$

円錐部分の側面のおうぎ形の中心角は，

$360°×\dfrac{2π×3}{2π×5}=216°$

表面積は，

$π×5^2×\dfrac{216}{360}+4×2π×3+π×3^2=48π(cm^2)$

No. 52　まとめテスト⑥

❶ **弧の長さ…10π cm，面積…60π cm^2**

❷ **体積…96π cm^3，表面積…96π cm^2**

❸ (1) **304 cm^2**　　(2) **312π cm^2**

解説

❶ 弧の長さは，$2π×12×\dfrac{150}{360}=10π(cm)$

面積は，$π×12^2×\dfrac{150}{360}=60π(cm^2)$

❷ 体積は，$\dfrac{1}{3}×π×6^2×8=96π(cm^3)$

側面のおうぎ形の中心角は，

$360°×\dfrac{2π×6}{2π×10}=216°$

表面積は，

$π×10^2×\dfrac{216}{360}+π×6^2=96π(cm^2)$

❸ (1) $\dfrac{1}{2}×8×15×4+8×8=304(cm^2)$

(2) $20\times12\pi+\pi\times6^2\times2=312\pi(\text{cm}^2)$

No. 53 データの活用

❶ (1) ㋐0.15　　㋑0.25　　㋒9
　　　㋓19　　㋔0.20　　㋕0.85
　 (2) **7 時間以上 8 時間未満の階級**
　 (3) **45%**

❷ **表…2650回, 裏…2350回**

(解説)

❶ (2) 10番目と11番目のデータが入る階級を考える。
　 (3) 6 時間以上 7 時間未満の階級の累積相対度数は0.45だから，45%。

❷ 投げる回数が多くなると，表が出る相対度数は0.53に近づくと考えられるので，
　　　表…5000×0.53＝2650(回)
　　　裏…5000−2650＝2350(回)

No. 54 まとめテスト⑦

❶ (1) **8点**　　　(2) **5.5点**
❷ (1) ㋐**27.5**　㋑**32.5**　㋒**37.5**
　　　㋓**6**　　㋔**195**　　㋕**487.5**
　　　㋖**340**　㋗**1100**
　 (2) **37.5kg**　　(3) **36.7kg**
❸ (1) **0.44**　　　(2) **132回**

(解説)

❶ (1) 範囲＝(最大値)−(最小値)だから，
　　　$10-2=8$(点)
　 (2) データを小さい順に並べたときの 5 番目と 6 番目の値の平均値になるから，
　　　$(5+6)\div2=5.5$(点)

❷ (3) 平均値＝$\dfrac{(階級値\times度数)の合計}{度数の合計}$だから，
　　　$\dfrac{1100}{30}=36.66\cdots(\text{kg})$

No. 55 総復習テスト①

❶ (1) -2　　(2) $-2, -1, 0, 1, 2$
❷ (1) -3　(2) 4　(3) -63　(4) 6
❸ (1) 5　　(2) -10

❹ (1) $-5a+6$　(2) $11x-2$　(3) $-2b+7$
　 (4) $9y-6$　(5) $-7a+12$　(6) $-x-2$
❺ (1) $x=3$　(2) $x=-2$　(3) $x=-14$
　 (4) $x=1$
❻ $a=-1$
❼ (1) $2^3\times7^2$　　(2) $2\times3^2\times5^2$
❽ (1) $y=-\dfrac{1}{3}x$　　(2) $y=\dfrac{35}{x}$
❾ (1) 40π cm^3　　(2) 48π cm^2

(解説)

❷ (4) $\left(\dfrac{1}{2}-\dfrac{3}{4}\right)\times8-(-8)$
　　　$=\dfrac{1}{2}\times8-\dfrac{3}{4}\times8+8=4-6+8=6$

❾ (2) $10\times2\pi\times2+\pi\times2^2\times2=48\pi(\text{cm}^2)$

No. 56 総復習テスト②

❶ (1) -1　　(2) 3　　(3) $-\dfrac{1}{8}$
　 (4) -3　　(5) 7　　(6) 6
❷ (1) -9　　(2) 4
❸ (1) $-3a+7$　(2) $4x+13$　(3) $-5b+6$
　 (4) $-8y+12$　(5) $a-3$　(6) -2
❹ (1) $x=4$　(2) $x=0$　(3) $x=-4$
　 (4) $x=9$　(5) $x=6$　(6) $x=10$
❺ (1) ① $y=-\dfrac{1}{2}x$　　② $y=\dfrac{18}{x}$
　 (2) ㋐…-2, ㋑…-3, ㋒…-1, ㋓…3
❻ (1) **体積…16π cm^3, 表面積…36π cm^2**
　 (2) **体積…$\dfrac{32}{3}$π cm^3, 表面積…16π cm^2**

(解説)

❻ (1) 体積は，$\dfrac{1}{3}\times\pi\times4^2\times3=16\pi(\text{cm}^3)$
　　　側面のおうぎ形の中心角は，
　　　$360°\times\dfrac{2\pi\times4}{2\pi\times5}=288°$
　　　表面積は，
　　　$\pi\times5^2\times\dfrac{288}{360}+\pi\times4^2=36\pi(\text{cm}^2)$
　 (2) 直径が 4 cm だから，半径は 2 cm。
　　　これを球の体積と表面積の公式に代入する。

ANSWERS